YN 新型职业农民培育工程规划教材

葡萄栽培实用技术

◎王连起 王永立 张素芹 主编

中国农业科学技术出版社

图书在版编目（CIP）数据

葡萄栽培实用技术 / 王连起，王永立，张素芹主编．—北京：中国农业科学技术出版社，2015.10

（新型职业农民培育工程规划教材）

ISBN 978－7－5116－2250－1

Ⅰ.①葡… Ⅱ.①王…②王…③张… Ⅲ.①葡萄栽培－教材 Ⅳ.①S663.1

中国版本图书馆 CIP 数据核字（2015）第 208409 号

责任编辑 姚 欢
责任校对 马广洋

出 版 者 中国农业科学技术出版社
北京市中关村南大街 12 号 邮编：100081
电 话 (010)82106636(编辑室) (010)82109702(发行部)
(010)82109709(读者服务部)
传 真 (010)82106650
网 址 http://www.castp.cn
经 销 者 各地新华书店
印 刷 者 北京富泰印刷有限责任公司
开 本 850mm×1168mm 1/32
印 张 6
字 数 150 千字
版 次 2015 年 10 月第 1 版 2017 年 9 月第 3 次印刷
定 价 20.00 元

新型职业农民培育工程规划教材

《葡萄栽培实用技术》

编　委　会

主　编　王连起　王永立　张素芹

副主编　付丽亚　焦富玉　徐洪海

编　者　潘月庆　林洪荣　赵克义　荆志强

杨素珍　李丰国　郭夕英　张书辉

徐红旗　李振山　李金山　杜相俊

刘玉敏　柴洪沛　张振军　贾宝团

前　言

葡萄是深受人们喜爱的水果，在世界水果生产中占有很重要的地位，是我国的第六大水果。

随着我国农业产业结构的调整，包括葡萄产业在内的果品业在农村经济中的地位越来越重要。由于我国大部分地区适宜葡萄生产，葡萄产业又是劳动密集型种植项目，因此是我国有竞争力的农产品之一。在这种新形势下，广大葡萄种植者需要了解更多的信息，掌握更多的新品种和实用新技术，才能获得更好的经济效益、社会效益和生态效益。

作者长期在我国著名的葡萄产区青岛大泽山工作生活，根据多年从事葡萄栽培的实践经验，参考有关研究资料，针对当前葡萄种植者的需求，编写了《葡萄栽培实用技术》一书。力求让果农一看就懂，一学就会，一用就灵，真正给果农带来效益和实惠。

《葡萄栽培实用技术》一书共12章，从优良品种、优质高效栽培技术、无害化病虫害综合防治技术和产后处理技术等方面系统介绍了葡萄生产的产前、产中和产后系列实用栽培技术。全书以实用栽培技术为主线，突出葡萄生产中的新成果、新技术与传统经验和常规技术的有机结合。本书内容新颖，重点突出，技术先进，浅显易懂，科学实用，适合从事葡萄生产、贮藏加工的广大果农及科技人员阅读参考。

由于水平和时间所限，书中难免有缺点和不足之处，敬请广大读者批评指正！

编　者

2015 年 10 月

目　录

第一章　概　　述

葡萄是世界上栽培最早、分布最广的果树之一。葡萄栽培起源于距今5 000年前的里海、黑海和地中海沿岸各地。我国也是葡萄属植物的发源地之一，但进行人工栽培还是在2 400年前，汉武帝时张骞出使西域（汉时，西域是玉门关以西的总称，主要指新疆维吾尔自治区和中亚西亚），将原产于黑海、里海、地中海一带的欧亚种葡萄引入我国。以后传于新疆、玉门关，过河西走廊陇坂高原后，逐步传播到华北、东北地区。现在，葡萄在全国各地均有栽培。

1989年以前，葡萄在世界各类水果中，无论面积、产量一直居首位。20世纪90年代之后位列柑橘之后，居第二位。目前，全世界葡萄面积1.3亿亩（1亩≈667平方米，全书同）左右，产量6 000万吨以上，其中，80%的产量用于酿酒，15%用于鲜食，5%用于制干等。主要葡萄生产国有西班牙、意大利、法国、土耳其、俄罗斯等。我国葡萄栽培面积和产量分别达到600万亩（占世界5%）和450万吨（占世界7%），按葡萄栽培面积和产量计，我国分别列第六位和第五位，而按鲜食葡萄产量计，我国已居世界第一位。国内栽培较多的省份有新疆维吾尔自治区、山东、河北、辽宁、河南等。

葡萄是一种适应性强、结果早、丰产稳产、营养价值高、用途广的果树。葡萄浆果汁液多、味美可口，色泽鲜艳，营养丰富，不仅是鲜食的珍果，而且是食品工业的重要原料。据分析，葡萄浆果除含有65%～85%的水分外，还含有10%～30%的葡萄糖和果糖，0.15%~0.9%的蛋白质，0.5%~1.4%的有机酸，0.3%~0.55%的钾、钙、磷、铁等矿物质。每百克浆果中含维生素A（胡萝卜素）0.02~0.12毫克，维生素B（硫胺素）0.25~1.25毫克，维生素C 0.43~1.22毫克。1千克葡萄在人体内产生的热量相当于2千克苹果或3千克梨，葡萄还对改善人体新陈代谢功能、软化血管、降低血压、治疗心脏病与贫血有一定疗效。葡萄酒被列为21世纪主要保健品之一。葡萄汁是一种高级滋补品。葡萄干还是一味中药材。

葡萄浆果用途广泛，除鲜食、酿酒、制干、制罐头外，还可用于制酱、制醋等，加工后的残渣仍可进行综合利用。

第二章　葡萄的分类和主要优良品种

葡萄属葡萄科（Vitaceae）葡萄属（*Vitis*），该属约70多个种（我国约有35个种），用于栽培的仅20多个种，其余均处于野生或半野生状态。但在生产上应用最多的是3个种及其它们的中间杂交种，即欧亚种葡萄、美洲种葡萄、山葡萄种、欧美杂交种和欧山杂交种。

欧亚种葡萄起源于欧洲、亚洲西部和北美洲，简称欧亚种（也称欧洲种葡萄），是葡萄属中栽培最广、品种最多的一个种，世界著名的加工和鲜食优良品种均属本种。其特点是品质优良，风味好，坐果率高，较耐贮运。缺点是抗病、抗寒性差。根据这些品种的起源地，又可分为3个重要的品种群。

（1）西欧品种群　起源于西欧地区，品质优良，抗旱性强，主要为鲜食葡萄品种和酿酒葡萄品种，如赤霞珠、玫瑰香等。

（2）黑海品种群　起源于黑海沿岸，抗旱性稍弱，主要为鲜食葡萄品种和酿酒葡萄品种，如花叶鸡心、晚红蜜等。

（3）东方品种群　主要起源于中亚，几乎全为鲜食品种，其抗旱性、抗寒性及抗土壤盐碱的能力均较强，如龙眼、牛奶、里扎马特等。

美洲种葡萄原产加拿大东南部和美国东北部低地及河岸上。其优点是抗病、抗寒力均强，也较抗旱，比欧亚种容易栽培，可选作抗寒砧木。缺点是果实品质差，有明显的狐臭味，产品多用于制汁或酿酒，主要品种有康克、黑虎香、贝达、香槟等。

山葡萄种葡萄原产东亚和东北亚地区，抗寒性极强，除个别品种外，多为野生类型，主要用于酿造和作抗寒砧木，如双庆、双优、左山一号等。

欧美杂交种葡萄是欧亚种和美洲种杂交的品种。欧美杂交种抗病、抗寒、生长旺盛，但品质略差。鲜食品种有玫瑰露、巨峰、藤稔、红瑞宝等。制汁品种有柔丁香等。

欧山杂交种葡萄由欧亚种葡萄和山葡萄杂交而成，抗寒、抗病，主要为酿造品种，如北醇、公酿一号等。

世界上有 8 000多个葡萄品种，我国葡萄品种也有 1 000多个，发展葡萄应根据品种对环境条件、栽培条件的要求和适应性及市场需求等，因地制宜、科学合理地选择葡萄品种。

按照葡萄从发芽至果实成熟所需的时间划分，105 天以内为极早熟品种、105 ~ 125 天为早熟品种、125 ~ 145 天为中熟品种、145 天以上为晚熟品种。

第一节　鲜食葡萄优良品种

一、欧亚种葡萄主要优良品种

（一）极早熟品种

1. 6 – 12

天津选育，又名超早娜。是近年发现的乍娜葡萄的枝变，表现稳定。

嫩梢黄绿色，阳面略带紫晕，并有稀疏的茸毛。幼叶淡紫红色，有光泽。成叶中等大，心脏形，5 裂。叶面光亮无毛，叶柄长，淡紫色。果穗大，圆锥形。平均穗重 800 克，最大 1 100克。果粒大，近圆形或椭圆形。平均粒重 8. 5 克，最大 14 克。果皮紫红色，中等厚，果粉薄。肉质细脆，味清甜，微有玫瑰香味。含糖 16%，品质上等，耐贮运。在平度大泽山地区，4 月 10 日

发芽，5月24日开花，6月中旬着色，7月初采收，属极早熟品种。

6-12葡萄继承了乍娜易裂果的生理特点，是一个优点突出，缺点也突出的品种，生产上最好采用保护地栽培。

该品种生长势旺，结果系数高，适合棚、篱架栽培，中梢修剪。

2. 玫瑰早

河北昌黎以乍娜与郑州早红杂交育成，2001年通过品种鉴定。

叶片中大，浓绿色，较平展，表面光滑无毛，裂刻中浅或无，叶缘锯齿形状为双侧直，叶柄洼成宽拱状。一年生枝扁圆形，暗红色。两性花。

果穗圆锥形，有歧肩，较紧密。平均穗重660克，最大1 630克，平均粒重7.5克，最大12克。果粒紫黑色，甜酸适口，玫瑰香味很浓，品质极上等。含可溶性固型物18%以上，含酸0.49%，较耐贮运。果实比巨峰早熟30天以上，属极早熟品种。抗病性较强，较抗霜霉病和白腐病。

生长势中等偏旺，极丰产。适合棚、篱架栽培，中、短梢修剪。

3. 农科1号

山东平度大泽山农科园艺场培育，2001年7月通过国家鉴定。欧亚种，二倍体。

新梢及嫩叶浅紫红色，比凤凰51号略红。成龄叶暗红色，枝条紫红色，半木质化后暗红色。嫩叶背后有白色茸毛附加，茸毛重，比凤凰51号还多，叶片中大、厚，成龄叶片深5裂，叶柄中长，浅紫红色，叶脉中间浅紫红色，四周为绿色。卷须浅紫红色，壮而长，最长达43厘米。树势中庸，副梢生长不旺，平均节间10.3厘米，嫩梢附有较厚茸毛。占15%~20%的枝条在

7 片叶后出现明显的扁面，而后自动分叉，使枝条自然分化为两个或多个主枝。

果穗中等大，有歧肩，平均穗重 510 克，最大 760 克。果粒近圆形，平均粒重 6. 3 克，最大粒重 8. 5 克。果皮中等厚，紫红或紫黑色，果粉中厚，果肉软硬多汁，甘甜爽口，含糖 15% ~ 17%，品质上。

成熟期比巨峰早熟 30 天以上，属极早熟品种。

4 月 7 日芽眼开始萌动，5 月 23 日盛花，7 月初果实着色成熟，属极早熟品种。

4. 玫瑰紫

河北昌黎以乍娜与郑州早红杂交育成，2001 年通过鉴定。树势中强，嫩梢绿色带红褐色晕，幼叶光亮无毛，红褐色。成叶中大，心脏形，有裂刻，上裂刻深，下裂刻较浅，叶缘向上弯曲，锯齿大，中锐。卷须间隔，两性花。

果穗大，有歧肩，平均穗重 700 克，最大 1 560克。果粒近圆形，平均粒重 7 克，最大粒重 9. 3 克。果皮中等厚，紫红或紫黑色，果粉厚，肉脆多汁，甘甜爽口，含糖 16% ~18%，品质上等。

成熟期比巨峰早熟 30 天以上，属极早熟品种。

（二）早熟品种

1. 维多利亚

罗马尼亚培育，欧亚种，二倍体。1994 年引入我国，是一个非常有特点的早熟良种。

嫩梢黄绿色，具极稀疏茸毛，新梢半直立，绿色。幼叶黄绿色，有光泽；成叶近圆形，中等大，黄绿色，叶中厚，3 ~5 裂。一年生成熟枝条黄褐色，节间中等长。

果穗圆锥形或圆柱形，平均穗重 730 克，最大 1 950克。果粒着生中等紧密，长椭圆形，粒形美观，平均宽 2. 31 厘米，长

3.2 厘米，平均粒重 9.5 克，最大 16 克。果皮黄绿色，充分成熟后为金黄色，中等厚，果肉硬而脆，味甜爽口，品质极佳。

栽植后第二年结果率 90% 左右，第三年亩产 2 000 千克以上。结果枝率 50% 以上，结实力强，每果枝平均花序数 1.3，副梢结实力极强。抗病性强，极抗灰霉病，较抗霜霉病和白腐病。在平度大泽山区，4 月上旬萌芽，5 月下旬盛花，7 月中下旬果实成熟。成熟后可延迟采收 1 个月以上。

植株生长势中等，适合篱架栽培，中短梢修剪。

2. 奥古斯特

该品种由罗马尼亚布加勒斯特农业大学杂交育成，亲本为意大利和葡萄园皇后，1996 年由河北省果树研究所引入我国。

嫩梢绿色带暗紫红色，有稀疏茸毛。该品种新梢、叶柄及叶片基部主脉均呈紫红色，是识别品种的主要特征。果穗大，圆锥形，平均穗重 610 克，最大 1 500 克。果粒着生较紧密。果粒短椭圆形，平均粒重 8.3 克，最大 13 克，果粒大小均匀；果皮绿黄色，充分成熟后金黄色，果肉硬而质脆，稍有玫瑰香味，味甜可口，品质极佳，含可溶性固性物 15%，含酸 0.43%，糖酸比高。果实耐拉力强，不易脱粒，耐贮运。

生长势较强，枝条成熟度好。结果早、结实力强，结果枝率 50%，每果枝平均花序数 1.6；副梢结实力极强。丰产性强，抗病力较强，抗寒力中等。在平度大泽山区，4 月初萌芽，5 月下旬开花，7 月底成熟。

该品种生长较旺盛，宜采用篱架、棚篱架或小棚架栽培，中、短梢修剪，适宜在露地及保护地栽培。

3. 早黑宝

山西省农业科学院培育，2000 年 7 月通过了山西省科技厅组织的科技成果鉴定，欧亚种，四倍体。该品种穗大、粒大、紫黑色、味甜浓香，品质优良，早熟，集诸多优良性状于一身。

嫩梢黄绿带紫红色，有稀疏茸毛。幼叶浅紫红色，成龄叶片小，心脏形，叶面绿色，较粗糙；一年生成熟枝条暗红色，节间中等长。果穗圆锥形带歧肩，穗大，平均穗长16.7厘米，穗宽14.5厘米，平均穗重426克，最大穗重930克，果粒短椭圆形，果粒大，纵径2.43厘米，横径2.2厘米，平均粒重7.8克，最大10克。果粉厚；紫黑色，果皮较厚、韧；肉质较软，味甜，有浓郁玫瑰香味，可溶性固形物含量15.8%，品质上等。

该品种树势中庸，平均萌芽率66.7%，平均果枝率56%，每一果枝上平均花序数为1.37。副梢结实力较强，丰产性强，抗病性较强，适宜华北、西北地区栽植。在山西晋中地区，4月14日萌芽，5月27日左右开花，7月7日果实开始着色，7月27日果实完全成熟。

该品种适合篱架栽培，中、短梢修剪。

4. 红巴拉蒂

欧亚种，别名：红巴拉多、红秀、早生红秀。亲本：巴拉蒂×京秀，从日本引进。

平均单穗重750克，最大可达1 300克以上。果粒着生紧密，果穗大小整齐。果粒圆形，紫红色，着色、成熟一致，粒均重8.5克，最大可达15克。果实充分成熟时为紫红色到紫黑色，不脱粒，不裂果。可溶性固形物含量20%左右，果肉硬脆，品质优，在山东平度8月初成熟，成熟后可挂树一个月以上。早熟、丰产、抗病、无裂果，耐贮运。风味清甜可口，具轻微玫瑰香味，品质极好。

5. 夏至红

原代号中葡萄2号，系中国农业科学院郑州果树研究所育成。亲本为绯红和玫瑰香。

通过10年的观察，该品种为早熟、大粒、优质葡萄新品种。

6. 香妃

北京市农村科学院林果研究所培育，二倍体，欧亚种。

嫩梢梢尖半开张，茸毛密，幼叶橙黄色，上表面有光泽。新梢半直立，生长势中等。成叶心脏形，绿色，中等大，5裂。果穗短椭圆形带副穗，平均重322.5克，最大600克。穗形大小均匀，紧密度中等。果粒大，近圆形，平均重7.5克，最大9.7克。果皮绿黄色，完全成熟时金黄色，薄，质地脆，无涩味，果粉厚度中等，果肉硬，质地脆、细，有极浓郁的玫瑰香味，品质上等。果实比巨峰早熟10天左右，属中早熟品种。

树势中等偏旺，节间较短，萌芽率75.4%，成花力强，结果枝率为61.55%，每果枝平均花序数1.82。副芽和副梢结实力较强，坐果率高，早果性强，丰产。抗病力中等，易感霜霉病和炭疽病。

适合棚、篱架栽培，中、短梢修剪。

7. 丰宝

山东省酿酒葡萄研究所培育，欧亚种，二倍体。

果穗大，平均750克，最大1 700克。果粒短椭圆形，较大，平均粒重7.2克，最大9克。果粒着生中等紧密。果实成熟一致，具浓郁玫瑰香味。含可溶性固形物18%以上，品质极优。

树势较旺，枝条成熟度好，早果性好，丰产。抗病性等综合性状均优于玫瑰香。在山东平度大泽山，4月7号发芽，5月23号盛花，7月底果实成熟，属早熟品种。

适合棚、篱架栽培，中、短梢修剪。

8. 四倍玫香

“四倍玫香”葡萄是我国著名葡萄专家经多年研究，采用国际领先的四倍体育种方法而培育的四倍体欧亚种葡萄新品种，具有早熟、大粒、浓香味甜、品质优良、不裂果等诸多优点。是综合性状较好的早熟品种之一，极有发展前途。

四倍玫香属欧亚种。嫩梢黄绿色带紫红，有稀疏茸毛，梢端粗秃；幼叶浅紫红色，表面有光泽，叶面、叶背具稀疏茸毛；成龄叶片小，心脏形，五裂，裂刻浅，叶缘向上，叶片厚，叶缘锯齿中等锐。叶柄洼呈“U”字形，叶面绿色，较粗糙，叶背有稀疏刚状茸毛；一年生成熟枝条暗红色，卷须间隔性，双分叉，第一卷须着生在枝条的第5节至第6节上；两性花，花蕾大。

果穗圆锥形带歧肩，果穗大，平均穗长16.7厘米，宽14.5厘米，平均穗重520克，最大980克；果粒着生较紧密，短椭圆形，果粒大，平均纵径2.43厘米，横径2.27厘米，平均粒重8.5克，最大10克，果粒均匀，果粉厚，果皮紫黑色，较厚、韧，肉较软，完全成熟时有浓郁玫瑰香味，甘甜爽口，可溶性固形物含量15%以上，品质极佳。含种子1~3粒，多1粒，种子较大。

树势中庸，节间中等长，平均9.68厘米，平均萌芽率66.7%，平均果枝率56%，每果枝上平均花序数为1.45，花序多着生在结果枝的3~5节。副梢结实力中等。丰产性强。在山东平度大泽山农科园艺场7月中旬完全成熟。

9. 京秀

北京植物园培育，二倍体，欧亚种。

嫩梢绿色，无附加色，具稀疏茸毛。幼叶较薄，表面、背面均无茸毛，表面略有红紫色晕，有光泽。成叶近圆形，绿色，中等大，中厚，叶缘锯齿三角形，大而锐，先端尖，5裂，上裂刻深，下裂刻浅，叶柄较叶中脉短，叶柄洼开张矢形或拱形。一年生成熟枝条黄褐色，冬芽较大。枝条节间中等长，卷须间隔。两性花。

果穗圆锥形，平均穗重513克，最大1 100克。果粒着生紧密，椭圆形，平均粒重7克，最大12克，穗粒整齐，玫瑰红或鲜紫红色，皮中等厚，肉厚硬脆，前期退酸快，酸低糖高，酸甜

适口，含可溶性固型物15%～17.6%，含酸0.39%～0.47%，种子小，2～3粒，品质上等。果粒着生牢固。在山东平度大泽山区，4月初萌芽，5月中旬开花，7月中下旬成熟。果实成熟后，在树上可挂2个月以上，不皱不坏，品质更佳。生长势中等，结果系数高，丰产性好。

适于干旱、半干旱地区露地栽培。也是保护地栽培的良好品种之一。

10. 红双味

山东酿酒葡萄研究所培育，二倍体，欧亚种。1994年通过省级鉴定。

嫩梢绿色，茸毛稀少，微有光泽。幼叶绿色，有红褐附加色，两面均有稀疏茸毛。成叶中大，心脏形，5裂，上下裂刻均浅，上表面无毛而有光泽，下表面有稀疏茸毛，叶缘向下，叶缘锯齿较钝，叶柄洼开张，窄拱形。两性花。

果穗圆锥形，平均穗重506克，最大608克。果粒着生紧密，成熟一致。果粒椭圆形，平均粒重5克，最大7.5克，果皮紫红色，果粉中厚，肉软多汁。果实成熟前期以香蕉味为主，后期以玫瑰香味为主。含可溶性固性物17.5%～21%，品质佳。

生长势中庸。适应性较强，抗病力较强，极丰产。前期丰产性极强，是较理想的早熟优良品种之一。在山东平度大泽山区，4月初萌芽，5月中旬开花，7月中旬成熟。

11. 矢富罗莎

又名粉红亚都蜜、亚都蜜、罗莎、早红提。欧亚种。原产日本，1993年引入我国。

嫩梢黄绿色，有光泽。幼叶黄绿色。一年生成熟枝条黄褐色。成叶心脏形，中等大，深5裂，叶缘锯齿锐，叶面光滑，叶背有茸毛。秋叶红色。果穗圆锥形，平均穗重650克以上；果粒着生较松。果粒长椭圆形，粉红至紫红色，平均粒重10克。

在山东平度大泽山区，4月上旬萌芽，5月中旬开花，7月底到8月初果实成熟，属早熟品种。

植株生长势较强，副梢结实力中等，幼树产量较低，成树产量较高。抗病性强，适应性强，是欧亚种中最抗病的品种之一。

该品种风味较淡，应注意完熟后再采收。

12. 贵妃玫瑰

山东省葡萄研究所培育，欧亚种，二倍体。

果穗圆锥形，平均穗重650克，最大2 100克。果粒近圆形，较大，平均粒重7克，疏花疏果后能达到8～10克，果粒着生中等紧密，成熟一致，具浓郁玫瑰香味。果实黄绿色，充分成熟后为金黄色，美观，有“中国黄提”的美誉，市场售价高。

在山东平度大泽山，4月7日发芽，5月23日盛花，7月下旬果实成熟，属早熟品种。抗病性较强，丰产性极强，有轻微裂果现象，栽培上应严格控制产量。

13. 丰宝

山东省酿酒葡萄研究所培育，欧亚种，二倍体。

果穗大，平均750克，最大1 700克。果粒短椭圆形，较大，平均粒重7.2克，最大9克。果粒着生中等紧密。果实成熟一致，具浓郁玫瑰香味。含可溶性固形物18%以上，品质极优。

树势较旺，枝条成熟度好，早果性好，丰产。抗病性等综合性状均优于玫瑰香。在山东平度大泽山，4月7日发芽，5月23日盛花，7月底果实成熟，属早熟品种。

（三）中熟品种

1. 玫瑰香

欧亚种。原产于英国，在我国已有70多年的栽培历史，是各地主栽品种之一。

叶中大，叶缘上卷成波浪状或漏斗状；5裂，裂刻较深。叶柄较短。叶柄洼多呈开放式矢形或心脏形。果穗圆锥形，平

均穗重350克，最大3 000克。果粒呈短椭圆形，平均粒重5克，最大8克。黑紫色，果粉较厚，果皮中等厚，果皮与果肉易分离。果肉黄绿色，稍脆，有浓郁的玫瑰香味。含可溶性固型物18%~22%，品质极佳。

树势中庸偏旺，芽眼结实力强，早果性好，丰产。适合篱架栽培，中、短梢修剪。成熟期和巨峰相似，属中熟品种。

2. 克林巴马克（黄金指）

牛奶群品种共同的特点是外观奇特、漂亮，风味好，如牛奶、里查马特、巨星、美人指等。而克林巴马克则是其中的新秀和佼佼者。

克林巴马克原产前苏联，新中国成立后由葡萄界前辈欧阳寿如先生引入我国。欧阳寿如先生在其著作《葡萄品种及其研究》中给予克林巴马克这个品种极高评价，认为该品种是“牛奶类型中品质最好、果形最美观的品种”。目前在我国北方干旱地区有少量种植，是非常高档的鲜食品种。该优良品种，在我国也已引种多年，但由于历史的原因和管理方面的原因，一直没引起人们的重视，直到红提、美人指等高档果品引进我国后，才使以前重视产量忽视质量的人们重新想起了克林巴马克这个优良的好品种。

嫩梢浅紫红色，茸毛极疏。幼叶薄，黄绿色带浅紫红色，上表面有光泽，无茸毛。当年生新梢节间腹侧绿色或带红色条纹，背侧红色，无茸毛。卷须间隔，一年生成熟枝条横截面椭圆或近圆形，有细槽，黄褐色。节间短，较粗。成叶黄绿色，心脏形，5裂，上、下裂刻均开张，锯齿秃尖，叶柄洼窄拱形，叶背无茸毛。两性花。果穗中等大，平均重350克，长17.2厘米，宽9.5厘米，圆锥形，果粒着生松，穗梗长。果粒大，平均6.09克，最大8.57克，纵径4.32厘米，横径1.55厘米，长椭圆形稍弯曲，似手指。果粒绿白色，完全成熟时为金黄色，故民间又称“黄金指”。皮薄，肉质脆，清甜爽口，可溶性固型物含量17.7%，每果含1~4粒种子，品质极上。树势强，产量中等或较高。抗病力、抗寒力中等，耐旱。在山东平度大泽山4月6号萌芽，5月23日开花，8月中下旬果实成熟，属中熟品种。可延迟采收近1个月，耐贮运。克林巴马克生长势强，宜采用棚架栽培，中、长梢修剪。

3. 京玉

北京植物园培育，1992年8月通过鉴定。二倍体，欧亚种。

嫩梢黄绿，有暗红附加色，具稀疏茸毛。成叶心脏形，较小或中等，上翘，5裂，上侧裂刻深，下侧裂刻浅，上表面光滑，下表面有刚毛。叶片较薄，绿色。叶柄洼开张，拱形或矢形。叶缘锯齿三角形，大而锐。两性花。

果穗圆锥形带副穗或双歧肩，平均穗重684.7克，最大1 400克。果粒着生中等紧密，穗粒整齐，椭圆形，平均粒重6.5克，最大16克，果皮黄绿色，中等厚，早采稍有涩味，肉厚而脆，汁多，回味浓，酸甜适口，风味好，品质上。不裂果，丰产，副梢结果能力强，可一年两熟。比巨峰早熟15天，属中熟品种。

抗病力中等。较抗葡萄霜霉病和白腐病，易染炭疽病。

京玉生长势强，宜采用棚架栽培，中、长梢修剪。

4. 巨星

巨星、秦龙大穗（9307）、里查（扎）马特，这3个品种的植物学特征、生物学特性和果实性状都很相似，栽培上可作为一个品种对待。属欧亚种。

嫩梢浅紫红色，茸毛极少。叶片黄绿色，心脏形，表面有光泽，无茸毛，裂刻较浅，叶柄洼窄拱形。当年生枝条旺盛，枝条粗壮，节间较长。两性花。

果穗圆锥形或圆柱形，极大，平均穗重850克，最大2 400

克。果粒呈长椭圆形，平均粒重12克，最大22克。果皮薄，呈鲜红色，艳丽美观。果肉透明，有浓郁的冰糖风味，硬，甘甜爽口。耐贮运。

在山东平度大泽山区，4月5日萌芽，5月中旬开花，8月中下旬果实成熟，属中熟品种。

抗病力中等，适合干旱、半干旱地区栽培。树势极旺，宜采用棚架栽培，长梢修剪为主。

（四）晚熟品种

1. 红地球

欧亚种，美国培育。1986年引入我国，又名红提、大红球、全球红。该品种是当代大粒、优质、丰产、极耐贮运的红色鲜食品种。在我国华北、西北、东北南部很有发展空间，目前已成为我国栽培面积较大的主栽品种之一。

嫩梢先端稍带紫红色，中下部为绿色，成龄叶片中等大小，淡绿色。果穗长椭圆形，极大，平均粒重12～14克，最大22克。果皮中厚，深紫红色，果肉硬而脆，甜酸适口，含可溶性固型物16.3%，品质极佳。果刷粗长，耐拉力强，不易脱粒。每粒果含种子3～4粒。极耐贮运。

树势生长较旺，枝条粗壮。结果枝率为68.3%，每果枝平均花序数1.3，果粒大小整齐，成熟一致。适宜中、小棚架和高篱架栽培和中短梢混合修剪。极丰产。从萌芽到成熟需140天左右，可在树上挂到霜降前后采摘，属晚熟品种。

抗病性较弱，对栽培技术要求较高。最好采用棚架栽培，长、中、短梢结合修剪。

2. 美人指

日本培育，欧亚种，二倍体。1994年引入我国，1996年开始挂果，是一个非常有特点的晚熟良种。

嫩梢黄绿，阳面赤红色，无茸毛。幼叶黄绿色，稍带红紫色，有光泽，成叶心脏形，中大，黄绿色。新梢粗壮，直立性很强。果穗长圆锥形，无副穗，一般穗重 480 克，最大 1 750克。果粒平均重 11.5 克，最大 20 克。果粒细长形，先端鲜红色，光亮，基部稍淡，如染了红指甲油的美女手指，外观艳丽漂亮而得名。皮肉难分离，皮薄但有韧性，不易裂果，果肉可切片，肉质脆，味甜爽口，无香味，含可溶性固性物 16% ~19%，最高可达 21%，品质极优。

在山东平度大泽山区，4 月上旬萌芽，5 月下旬开花，9 月上中旬果实成熟，从萌芽到果实成熟需 150 天左右。成熟后可延迟采收 1 个月以上。抗病性较弱，易感白腐病、黑痘病、霜霉病和炭疽病。

枝条生长极旺，最好采用棚架栽培，中、长梢修剪。

3. 摩尔多瓦

由摩尔多瓦培育而成。欧亚种。

嫩梢绿色至黄绿色，幼茎上有暗红色纵条纹，密被茸毛。幼叶绿色，叶缘有暗红晕，叶面和叶背均具密茸毛。成龄叶绿色，近圆形，中大。1 年生成熟枝条深褐色，节间长，冬芽饱满而大。果穗大，圆锥形，果粒着生中等紧密，平均穗重 650 克。果粒大，短椭圆形，平均粒重 9 克，果皮蓝黑色，着色一致，果粉厚，果肉柔软多汁，无香味，可溶性固形物含量 16%，含酸量 0.54%，每果粒含种子 2 粒，品质上等。

枝条生长旺盛，一年生枝条成熟度好。萌芽力强，丰产性强，在平度 9 月中下旬果实成熟，属晚熟品种。抗病性较强，尤其高抗霜霉病。果实成熟后耐贮运。

适合棚、篱架栽培，中、短梢修剪。

4. 达米娜

由罗马尼亚格拉卡葡萄实验站杂交育成，又称大蜜娜，欧亚种，二倍体。1996 年引入我国，表现出大粒、丰产等优点，尤

其是纯正的玫瑰香风味，深受消费者喜爱。

嫩梢绿色，幼叶黄绿色，新梢半直立，冬芽大而饱满，有紫红晕斑。成叶黄绿色，中等大，心脏形，5 裂或 7 裂。1 年生成熟枝条黄褐色。该品种叶背主脉、侧脉及叶柄具刺毛是主要识别特征。

果穗大，圆锥形，平均穗重 560 克，最大 1 100 克，果粒着生紧乃至极紧；果粒大，圆形或短椭圆形，平均粒重 8.5 克，最大 14.5 克；果皮紫红色，中厚，果粉厚；果肉硬度中等。具浓郁的玫瑰香味，品质极佳，可溶性固型物含量 16.5%。

生长势较强，枝条成熟度好，在山东平度大泽山农科园艺场 4 月上旬萌芽，5 月 20 日开花，9 月上旬果实成熟，正好能赶上中秋节市场。该品种结实力强，丰产性强。抗病性较强，果实耐贮运。

适合棚、篱架栽培，中、短梢修剪。

5. 泽香

又名泽山 2 号。山东平度大泽山 1956 年以玫瑰香与龙眼杂交育成，为大泽山的主栽品种之一，多次获国家金奖。

果穗圆锥形，平均穗重 450 克，最大 800 克。果粒着生紧密，果粒圆形或椭圆形，平均粒重 7 克，最大 8 克以上。果皮黄绿色，充分成熟后为金黄色，果粒大小均匀，成熟一致。果皮薄，肉质脆，酸甜适度，清爽可口，品质上等。果实耐贮藏，至春节前后上市，价格很高。

植株生长势强，叶片大。具有早果、早丰的优点，并且高产稳产。在平度大泽山区，4 月上旬萌芽，5 月中旬开花，9 月中下旬果实成熟，属晚熟品种。

泽香抗旱、耐瘠，在干旱地区表现明显优于巨峰、玫瑰香等品种。对白腐病、炭疽病和白粉病的抗性较强，均优于其亲本。抗旱力也优于其亲本，在大泽山地区不下架也能安全越冬。

适合棚、篱架栽培，中、短梢修剪，在大泽山以篱架栽培为主。

6. 金田美指

金田美指葡萄由白牛奶×美人指杂交育成。

欧亚种。果穗成圆锥形，无歧肩、无副穗。果实鲜红色，粒重9~11克，穗重500克，果粒长椭圆形，果肉硬脆，可溶性固形物含量18%~20%。8月底可上市，挂架时间长（可延迟到10月中旬采收。色泽呈鸡血红色）。外观美，品质好，抗性及枝蔓的成熟度等方面都优于美人指。可连年丰产。

金田美指色泽艳丽，外观诱人，是目前最漂亮的葡萄之一。

7. 红罗莎里奥

欧亚种。原产日本。为日本植原葡萄研究所所选育的品种。1984年杂交，1988年结果。

果穗圆锥形。果穗大，穗长17~21厘米，穗宽15~18厘米，平均穗重515克，最大穗重860克。果粒着生紧密，果穗大小整齐。果粒椭圆形，淡红色至鲜红色，成熟一致。果粒大，纵径2.25~3.0厘米，横径1.81~2.4厘米，平均粒重7.5克，最大粒重11克。果皮薄而韧，半透明，可清晰地看到种子，果皮无涩味。果粉厚。果肉爽脆，无肉囊，汁多，果汁绿黄色。味纯甜，稍有玫瑰香味。每果粒含种子2~3粒，多为2粒。种子与果肉易分离。无小青粒。可溶性固形物含量为20%~21%。

该品种成熟时为鲜红色，果粉多，果粒大而整齐，非常美观。其口味纯甜爽口，有清淡玫瑰香味，风味极好，是品质优良的鲜食品种。该品种在南方夜温高的地区上色较困难，应注意控制产量，增施磷钾肥，控制营养生长。

8. 白罗莎里奥

欧亚种，2003年从日本引入。果穗圆锥形，无副穗，穗均重600克，果粒短椭圆形，鲜绿色，粒均重12克。果皮薄而韧，

无涩味，果粉厚；果肉质厚爽脆、无肉囊、多汁。纯甜、有淡玫瑰香味。含可溶性固形物 19% ~22%，鲜食品质极上。果粒含种子多为 2 粒，种子与果肉易分离。在昌黎地区，果实 9 月中旬成熟，果实发育期 145 天左右。植株生长势强，枝条易成熟，隐芽萌发力差，芽眼萌发率 60% ~70%。夏芽副梢结实力强，丰产，果实耐贮运。适应性广，抗各种真菌病害能力比其他欧亚种葡萄强。

9. 红意大利

又名奥山红宝石，欧亚种。为意大利的红色芽变。嫩梢黄绿色，梢尖半开张，乳黄色，有茸毛，无光泽。幼叶黄绿色，表面有光泽，背面有毡毛。新梢生长直立，节间背侧黄绿色，腹侧青紫色。枝条红褐色。成叶中等大，呈勺状挺立，肾形，背面有较稀茸毛。叶片 5 裂，裂刻深，叶柄洼宽拱形，基部三角形。叶缘锯齿圆顶形。两性花。

果穗大多圆锥形，有副穗。平均穗重 625 克，最大 1 030克。果穗大小整齐，果粒着生紧密。果粒短椭圆形，浓紫红色，着色一致，成熟一致。平均粒重 9 克，最大 15 克。果皮厚，无涩味。果粉中等。果肉细脆，有较浓玫瑰香味。含可溶性固型物18% ~19%，品质上等。果粒牢固，不脱粒，不裂果，耐运输，抗病力强。成熟期与红意大利相似，属晚熟品种。

10. 红太阳

红地球芽变选育。树势健壮，一年生，枝条黄褐色，枝条粗、节间短。副梢萌发率低，可自然封顶。嫩梢先端 2 ~3 片幼叶微红色，下部叶片为深绿色，成叶大而厚、近五角形，5 裂，上裂刻浅、下裂刻不明显，叶正、背面均无毛，叶面无光泽，不光滑，叶柄紫红色。果穗长圆锥形，纵径 27 厘米，横径 20 厘米，平均穗重 1 250克。果粒着生紧密，果粒近圆形，平均纵径 3.2 厘米，横径 3.0 厘米，单粒平均重 18 克，最大粒重 28 克；

果色深红，肉质硬脆，每果含1～2粒种子。田间考察抽样测定，可溶性固形物含量14.7%。浆果耐运、商品性好，缺点是抗日灼病能力较弱。

山西晋中地区，4月中旬萌芽，5月20日左右开花，7月中旬开始着色，9月上中旬果实成熟，从萌芽到果实成熟约150天，比红地球早10天左右，属中晚熟品种。

11. 魏可

欧亚种，从日本引入，又名温克。嫩梢淡紫红色，新梢生长自然弯曲，梢尖及幼叶黄绿色，无茸毛，有光泽。幼叶略带淡紫色晕。叶片上表面有光泽，下表面叶脉上有极少量丝状茸毛。成龄叶片中大，心脏形，叶片裂刻中深，叶缘锯齿圆拱形。叶柄洼矢形。一年生成熟枝棕红色。两性花。

果穗圆锥形，较大，平均穗重450克，果穗大小整齐，果粒着生较松。果粒卵圆形，果皮紫红色至紫黑色，果粒大，平均粒重10.5克，有小青粒现象，果皮中厚，具韧性，果肉脆，无肉囊，多汁，果汁绿黄色，味甜，可溶性固形物含量20%左右，品质优良。

植株生长势强，芽眼萌发率90%，成枝率95%，结果枝率85%，每果枝平均1.5个花穗。隐芽萌发力强，且所萌发枝条易形成花芽。丰产性强，抗病性强，极晚熟。

二、欧美杂交种主要优良品种

（一）早熟品种

洛浦早生

洛浦早生是1996年从早熟葡萄品种“京亚”芽变中选育出的极早熟品种，经过多年、多点嫁接扦插试验、品种比较试验、区域试验及生产试栽，早熟性状表现稳定。该品种2004年7月通过河南省科技厅组织的专家技术鉴定，现已在河南、山东、浙

江、重庆、山西等地引种栽培。

嫩梢叶片绿色，部分幼叶呈红紫色，叶正面无茸毛，叶背有较密的灰色茸毛，幼叶中厚；成龄叶中大，近圆形，5 裂，上裂刻较深，下裂刻较浅，较粗糙，锯齿大，中等锐；叶柄洼拱形，叶柄较长，呈红紫色；成熟枝条红褐色，卷须间隔着生，两性花。果穗圆锥形，紧凑，有的带副穗，歧肩不明显，平均单穗 456 克，最大 1 060 克；果粒短椭圆形，果皮紫红—紫黑色，平均单粒 11.7 克，最大可达 16 克；果粉厚，果肉软而多汁，味酸甜，稍有草莓香味；可溶性固形物含量 13.8% ~16.3%；每果粒含种子 2 ~3 粒。

生长势较壮，芽眼萌发率高，枝条成熟较早，隐芽萌发力中等。结果枝率为 66.8%，每果枝平均花序数 1.65 个，副梢结实率中等。不脱粒，耐贮运。在洛阳地区，4 月上旬萌芽，5 月中旬开花，6 月中旬果实着色，6 月底至 7 月初成熟，从萌芽至成熟 90 天，浆果发育期 45 天，丰产。较母株抗炭疽病、白腐病、黑痘病。

（二）早熟品种

1. 京亚

北京植物园培育，欧美杂交种，四倍体。为纪念 1990 年北京亚运会而命名“京亚”。

嫩梢黄绿，附加紫红色，幼叶绿色，中等厚。成叶近圆形或心脏形，为深绿色，中等大，中等厚，3 ~5 裂。叶柄带有紫红色，叶柄洼为开张矢形。枝条节间中等长，成熟枝条红褐色。

果穗圆锥形或圆柱形，少数有副穗，平均穗重 478 克，最大 1 070 克。果粒着生中等紧密，平均粒重 10 克，最大 20 克，椭圆形，紫黑色，果粉厚，果皮中等厚，种子小，1 ~2 粒，肉质中或较软，汁多甜酸，味有草莓香味。含可溶性固性物 13.5% ~18%，含酸 0.65% ~0.9%，品质中上。生长势较强，结果系数高。抗病性强，适应性广。比巨峰早熟20天，属早熟品种。

该品种适合棚、篱架栽培，中、短梢修剪，目前以篱架栽培较多。另外还特别适合无核化栽培，商品价值可提高数倍。

2. 黑蜜

黑蜜葡萄是日本农林水产省果树试验场安艺津支场从巨峰自交实生中选育的早熟、极大粒葡萄新品种。1997年通过韩国新世纪育种园引入我国山东平度，多年栽培观察表明，黑蜜是非常有前途的巨峰系早熟品种。

果穗圆锥形，有歧肩，穗重460~530克，果粒蓝黑色，大，粒重9~13克，与巨峰相似。果皮厚而韧，易剥离，果粉多，味甜，有草莓香味，品质极佳。含糖19%~25%，产量与巨峰相似，不裂果。

黑蜜葡萄长势中庸偏旺，结果系数高，篱架与棚架栽培均可，密度与栽植方法可参考巨峰葡萄。

3. 黑色甜菜

欧美杂种，别名：黑彼特、黑锥。亲本：藤稔×先锋。

平均单穗重600克，最大单穗重1 250克。果粒短椭圆形，单粒重14~18克，大的20克以上。上色好，果粉多，果皮厚，肉质硬爽，果肉黑色，多汁美味，可溶性固形物含量16%~17%，品质中等。该品种抗病，丰产，耐贮运，比巨峰早熟20天以上，为早熟品种，有望成为巨峰群早熟品种的主栽品种。

4. 东方之星

亲本为安芸津21号×红意大利，欧美杂种。从日本引进。

果穗圆锥形。粒重10~12克，不处理粒重10克，盛花期后14天用25毫克/千克赤霉素处理，粒重可达12克。粒重长椭圆形，有香味。该品种不裂果，不脱粒，耐贮运，是欧美种中的一个优良的晚熟品种。

5. 紫珍香

辽宁农科院杂交育成，欧美杂交种，四倍体。

嫩梢绿色，有紫红附加色，略带茸毛。幼叶背面密被白色茸毛，叶面茸毛少。成叶中大，3～5 裂，叶面无茸毛，叶背茸毛多。一年生成熟枝条深褐色，节间长度中等。两性花。

果穗圆锥形，无副穗，较整齐，平均穗重 500 克，最大 1 500克。果粒着生紧密。果粒长椭圆形，平均粒重 12 克，最大 18 克。果皮紫红色，完全成熟后呈紫黑色，中厚，易剥离。果粉多。果肉较软，果汁较多，含可溶性固形物 17.5%，具玫瑰香味，酸甜适口。耐贮运、丰产、抗病。比巨峰早熟 15 天，属早熟品种。

6. 香悦

香悦系玫瑰香芽变为母本，紫香水芽变为父本杂交育成。属欧美杂交种、四倍体、中晚熟品种。由沈阳奉天葡萄研究中心研究员徐桂珍、陈景隆等人杂交培育。该品种大粒、中穗、果实风味浓郁怡人，品质极佳。果穗圆锥形，平均穗重 568.8 克，最大 1 080.5克。果粒近圆形、特大、果粒平均重 10.2 克，最大 18.6 克，含可溶性固性物 16.2%。坐果率高，果实着生紧密；黑紫色、着色一致、易上色；不脱粒、不裂果、耐运输。抗逆性强、适宜范围广。树势旺、早果性强、丰产、稳产。

7. 白奥林

欧美杂交种，由日本引入，亲本不详。

巨峰系，抗病性强，适应性广，黄白色，早熟。凡是能种巨峰的地方都能种植，适合粗放管理。

在早熟的欧美种品种中，黄色的很少，尤其是带有井川系的香味的就更少，可以说绝无仅有，因此该品种有一定的发展空间，特别是在种植巨峰多的地区，适量发展可能取得意想不到的效果。

8. 蜜汁

欧美杂交种。1981 年引入我国。原产日本，由奥林匹亚与夫瑞道尼亚杂交育成。

树势较健旺，枝条粗壮，新梢绿色，带有红色条纹。幼叶边缘粉红色，上下密生黄白色茸毛。成龄叶片大而厚，叶全缘或浅3 裂，叶背密生黄褐色茸毛。叶柄洼闭合成重叠。卷须间歇三叉。花序较大，两性花。成熟枝红褐色，节短坚硬。果穗圆柱形，果粒着生紧密，平均穗重 300 克，最大 500 克。果粒较大，近圆形，紫红色，平均粒重 6. 78 克，最大 8 克。果皮厚，果粉多，果皮与果肉易分离。肉质柔软，有肉囊，多汁味甜，含糖17. 6%，含酸 0. 61%。品质中等。

属于抗寒、早熟、鲜食、制汁兼用品种。采收过晚易脱粒，无裂果现象。结果枝率 95. 8%，每个果枝多为 2 个果穗，比较丰产，3 年生平均每公顷产 14 160千克，5 年生平均每公顷产 23 460千克。适于小棚架整形。抗病，耐湿，果实耐贮运性稍差。

9. 东部巨选

欧美杂交种，四倍体。从日本引入，全称叫选拔巨峰东部系，简称东部巨选。

果穗圆锥形。中等大，穗长 15 ~ 18 厘米，穗宽 11. 5 ~ 14 厘米，平均穗重 450 克，最大穗重 750 克。果粒着生紧密，果穗大小整齐。果粒椭圆形，紫黑色。果粒大，纵径 2. 56 ~ 3. 46 厘米，横径 2. 26 ~ 2. 83 厘米，平均粒重 12 克，最大粒重 17 克。果皮厚而韧，无涩味。果粉厚。果肉肥厚，有肉囊，汁多，果汁浅红色。酸甜适度。每果粒含种子 1 ~ 4 粒，多为 3 粒。种子与果肉易分离。无小青粒。可溶性固形物含量为 15% ~ 17%。

该品种果粒大，糖度高，果穗大小整齐而美观，是早熟品种中优良的鲜食品种。其耐病性、耐寒性强，栽培简单，适于全国

各地露天栽培。在栽培上施肥要早，开花期注意防治灰霉病，防止落花落果。

（三）中熟品种

1. 巨玫瑰

欧美杂交种，四倍体。巨玫瑰葡萄是辽宁省大连市农业科学研究院选育而成的优良新品种，2002年9月通过专家鉴定。

果穗大，圆锥形，平均穗重675克，最大1 150克，果粒着生中等紧密。果粒巨大，椭圆形，平均粒重9.5克，最大15克，果粒整齐，果皮紫红色，果粉中等，肉软多汁，无肉囊，甜酸适口，具有浓郁纯正的玫瑰香风味，含可溶性固形物19%~22%，品质极佳；抗性好，坐果好，不易脱粒，耐运输，耐高温高湿，适应性广，是目前综合性状优秀的鲜食葡萄新品种。

植株生长势强，枝条成熟度良好。结实力强，芽眼萌发率高，丰产性好；对白腐病、炭疽病、黑痘病等抗性较好，较易感染霜霉病。果实8月下旬成熟，为中晚熟品种。

适宜棚、篱架栽培，中、短梢修剪。

2. 金手指

欧美杂交种。日本原田富一于1982年杂交育成，以果实的色泽和性状命名为金手指，1993年经日本农林省注册登记。

嫩梢黄色，幼叶浅红色，茸毛较密。成叶大而厚，近圆形，5裂。一年生成熟枝条黄褐色。果穗长圆锥形，松紧适度，平均穗重750克，最大2 000克。果粒性状奇特美观，长椭圆形，略弯曲，呈弓状，黄白色，平均粒重8克，疏花疏果后平均粒重10克，最大18克。果粉厚，擦掉果粉呈亮黄色。果皮中等厚，韧性强，不裂果，可剥离。果实能挂树保存至10月不脱粒。果肉硬，耐贮运。含可溶性固型物20%~22%，甘甜爽口，有浓郁的冰糖味和牛奶味。

自根苗根系发达，生长势强。栽后第二年结果率90%左右，但果穗较小，第三年后果穗逐渐增大，每亩产量1 500千克以上。在山东平度大泽山农科园艺场，4月上旬发芽，5月下旬开花，8月中下旬果实成熟。

抗病性强，按照巨峰品种常规管理方法即无病虫害发生。抗旱性极强，耐瘠薄，对土壤、环境要求不严格。全国各地均可栽培。特别适合城郊、工矿、经济开发区和旅游观光区栽培，具有较高的经济效益和观光价值。

适合棚、篱架栽培，中、短梢修剪。

3. 峰后

北京农林科学院林果研究所在“八五”期间育成的鲜食葡萄新品种，是巨峰系中比较有潜力的红色晚熟品种。

幼叶橙黄色，成叶绿色，心脏形，大。果穗圆锥形或圆柱形，平均重338. 1克。果粒着生中等紧密，短椭圆或侧卵形，平均重11克，最大16. 5克，比巨峰平均大1 ~2克。果皮紫红色，厚，果肉极硬，脆，略有草莓香味，可溶性固形物含量为17. 5%，糖酸比高，口感糖度高，品质极佳。果实不裂果，果梗抗拉力强，耐贮运性强。

树势强，萌芽率高，结实力中等。抗性强。在山东平度大泽山区，4月6号萌芽，5月23号开花，8月下旬果实成熟。与巨峰成熟期相似或稍晚，属中晚熟品种。但果实能挂树保存至9月底，不脱粒。

峰后葡萄丰产性较差，易采用棚架栽培，长梢修剪。

4. 巨峰

日本培育，欧美杂交种，四倍体。是我国栽培面积最大的主栽品种之一。

嫩梢梢尖灰白色，茸毛密生。新梢节背绿带红色条纹。1年生枝条深褐色。卷须中至长，冬芽基部红色，着色度中至强。叶片大，中叶脉中至长，心脏形，3 ~5裂，裂刻浅，叶缘锯齿大，

双侧凸，叶上表面平，脉色有微红，花青素弱，叶背茸毛为丝毛或混合毛，密，脉色绿，叶柄洼开张为窄拱形或矢形，叶柄长度中等，叶柄短于主脉长度。

果穗圆锥形，平均重400~500克，最大2 000克。果粒圆形或椭圆形，平均粒重10克，最大22克。完全成熟时为紫黑色，果粉较多，味甜，有草莓香味。含可溶性固型物15%~16%，品质中上。在山东平度大泽山地区4月上旬发芽，5月20日开花，8月25日成熟。

植株生长势旺，结实力高，抗病性强，适应性广。适合棚、篱架栽培，中、短梢修剪。

5. 藤稔

欧美杂交种。原产日本，1986年引入我国，四倍体。

嫩梢绿色，附带浅紫红色。幼叶淡红色，有茸毛。成龄叶片大，近圆形，3~5裂。果穗较大，圆锥形或短圆柱形，平均穗重450克，果粒着生中等紧密。果皮紫黑色，果粒近圆形，特大，平均粒重15~16克，果皮厚，果肉多汁，味酸甜，含糖16度，品质中上。

植株生长势较强，萌芽力强，但成枝力较弱，花芽容易形成，丰产。在平度大泽山地区，8月初成熟，属中熟品种。该品种适应性较强，较抗病，但较易感染黑痘病、灰霉病和霜霉病。

藤稔生长健壮，结果系数高，适宜棚架、篱架栽培，中、短梢混合修剪。

6. 高鲁比

欧美杂交种。原产日本。日本植原葡萄研究所1983年杂交，亲本为Red Queen × Izunishiki No. 3。张家港于1999年3月直接从日本引进该品种。

果穗圆锥形。果穗大，穗长17~21厘米，穗宽12.5~14厘米，平均穗重625克，最大穗重850克。果粒着生紧密，果穗大小整齐。果粒短椭圆形，粉红至鲜红色，成熟一致。果粒大，纵径2.83～3.3厘米，横径2.63～3.2厘米，平均粒重16克，最大粒重20克。果皮厚而韧，无涩味。果粉厚，果肉硬脆，无肉囊，汁多。味浓甜，有浓郁甜酒酿的香味。种子与果肉易分离，无小青粒。可溶性固形物含量为20%～21%。在张家港8月5～10日浆果成熟。

该品种果粒大小均一，果皮粉红至鲜红色，穗形大小整齐，口感浓甜爽脆，有浓郁甜酒酿的香味，品质上乘，是优质的鲜食品种。果粒不易裂果，耐贮运。长势旺，抗病力强。在栽培上施肥要早，开花期注意防治灰霉病，宜采用长势平缓的架式，注意控制氮肥，防止落花落果及无籽果的产生。该品种有无核化倾向，可以在花期及花后进行无核化处理，可获得果粒巨大的无核果。该品种适于全国各地露天栽培，大棚栽培更佳。

（四）晚熟品种

1. 高妻

欧美杂交种，四倍体。由日本长野县1981年用先锋×森田尼杂交育成。

树势一般，一年生枝条横断面形状扁平。嫩梢及幼叶绿带浅红色。成龄叶片中等大，5裂。果穗大，圆锥形，一般重600克。果粒着生中等紧密，果粒短椭圆形，纯黑或紫黑色，果粒极大，一般粒重15～17克，最大22克。果皮厚，较难剥离。果肉不着色，中等软硬，肉质极好，含糖可达17%～21%，酸少，有草莓香味，品质优良。种子数中等多，籽大。

高妻葡萄品质好，风味佳，果粉厚。果实大小与丰产性和藤稔相似，耐贮运性明显强于藤稔。坐果率高，抗逆性强，在土壤过于黏重或氮肥较多、降水量大、花期阴雨、低温等较恶劣的环境中，也不易落花落果，丰产、稳产性强。抗病性强，和巨峰、藤稔相似。副梢少，管理省工。

高妻葡萄极易形成花芽，长、中、短梢修剪均不影响产量，生产上以中、短梢修剪为主。架型可采用双“+”字“V”形架。

2. 信浓乐

从日本引入，欧美杂交种，四倍体。又名新浓笑。

果穗大，约400克，果粒圆形或椭圆形，粒重13~15克，比巨峰大；果皮鲜红色，果皮与果肉易分离，果肉汁多，可溶性固形物含量18%，有香味，品质好，几乎不裂果，不脱粒，耐贮运，比巨峰晚熟15~20天，属晚熟品种。

树势较强，抗病。果肉硬，品质好，适应性广。但在南方应严格控制产量，多施磷、钾肥，以提高着色度。

适合棚、篱架栽培，中、短梢修剪。

三、无核葡萄

（一）极早熟品种

1. 弗蕾无核

美国培育，欧亚种，1983年引入我国。又名火焰无核、早熟红无核、红光无核、红珍珠无核等。

嫩梢绿色，幼叶棕红色，茸毛稀少。成叶心脏形，较大，中等厚，表面光滑有光泽，叶缘向上，5裂。一年生成熟枝条呈浅红色，节膨大明显。

果穗圆锥形，带副穗，大而整齐，平均穗重565克，最大920克。果粒着生紧密。果粒红色，近圆形，平均粒重4.5克，色泽美观。果皮果粉均薄，果肉脆，甘甜爽口，果皮与果肉难分离，果汁中等，含可溶性固形物15%~17%，无核或残核。果粒着色和成熟整齐一致，无绿粒。在树上可挂果时间长，过熟采收不落粒、不裂果、不软化、不萎缩、耐贮运。

树势强，抗性好，丰产。在山东平度7月初果实成熟，属极早熟品种。适宜棚架栽培，中、长梢修剪。

2. 金星无核

80 年代由美国引入，欧美杂交种。经过近 20 年的栽培，表现出特抗病，特丰产，适应性特广等优点。

嫩梢淡绿色，茸毛较多。成龄叶较大，浅绿色，中等厚。枝条成熟后节间淡红色。果穗中等大，圆柱形，有副穗。平均穗重 370 克，最大 630 克。果粒平均重 4.2 克，膨大素处理后可达 8～10 克，果粒圆形或椭圆形，蓝黑色，果粉厚。果肉略软，多汁，芳香味浓。可溶性固性物 16%～19%，品质极上。有时个别有残存的种子，食用时无明显感觉。

生长势强，特丰产。在山东平度大泽山区，金星无核 4 月 5 日发芽，5 月 20 日开花，7 月上中旬果实成熟。比巨峰早熟 20 天，成熟期与京亚相近。对黑痘病、霜霉病和白腐病抗性极强，在山东全年基本不用打药。

本品种适宜任何架型的栽培和中、短梢修剪。

3. 旭旺 1 号

又名碧香无核。国内培育，（葡萄园皇后×意大利）×莎芭珍珠杂交育成。欧亚种，二倍体，无核。

该品种是目前最早熟的无核葡萄品种，比京亚早熟 15 天、比青提早熟 20 天、比奥古斯特早熟 15 天、比维多利亚早熟 20 天。

果穗圆锥形，有歧肩，穗重 600～800 克，最大 1 200克。穗形整齐。果粒近圆形，黄绿色，果粉薄，着生松紧度适中。平均粒重 4 克，疏果或膨大后能达到 6～8 克。果实总含糖量 18.9%，含酸量 0.25%，含可溶性固形物 22%，浓香、特甜、脆肉、无核，品质极优。

枝条成熟度好，极丰产，一年可多次结果。庭院中如栽种几棵旭旺一号葡萄，可常年有葡萄吃。极有发展前途。

（二）早熟品种

1. 无核早红（8611）

欧美杂交种，三倍体，无核。河北培育，又叫无核 8611、美国无核王、超级无核。

嫩梢绿色带紫红色，幼叶绿色，成叶较大，近圆形，3～5 裂。一年生成熟枝条红褐色，横截面近圆形，表面有条纹。果穗圆锥形，平均穗重 290 克。果粒近圆形，平均粒重 4.5 克，紫红色，果粉及果皮中厚，肉脆，含溶性固形物 14.3%，品质中上。

经膨大处理后，果穗平均重 1 030 克，最大 1 600 克。粒重 9～10 克，最大 19.3 克。处理前无核率 85%，处理后无核率达 100%。处理后果粒由近圆形变为椭圆形，充分成熟后酸甜适口，果皮微涩。

生长势极强，枝条成熟度好。结实力、丰产性均强。对白腐病、霜霉病、炭疽病、黑痘病等抗性强。适应性广，对土壤要求不严。适合棚、篱架栽培，中、短梢修剪。

属于早熟品种，但前期脱酸较慢，最好等完全成熟后再采收。

2. 无核 8612

河北培育，8611 的姊妹系，欧美杂交种。

嫩梢浅紫红色，幼叶绿色，叶缘浅紫红色，有光泽，茸毛密。成叶较大，深绿色，近圆形，3～5 裂，上侧裂刻深，下侧裂刻浅，叶柄洼窄拱形或矢形。叶柄、叶脉紫红色。一年生成熟枝条红褐色，节间较长。卷须间隔性。两性花。

果穗多圆锥形。平均穗重 300 克，着粒中等紧密。果粒椭圆形，平均粒重 4.8 克。膨大处理后能达到 8～10 克。果粉中等。果皮中等厚且韧，易剥离。果肉肥厚稍脆，极细腻，味较甜，含可溶性固形物 14%～18%，稍有玫瑰香味，品质上。着色整齐一致，成熟后不易裂果、脱粒，较耐贮运。

丰产性较强，抗性强，比无核早红（8611）早熟3～5天。全国各地均能种植。

3. 安艺无核

日本育成，1998年引入我国。欧美杂交种。

果穗大，短椭圆形，平均穗重500～700克。果粒短椭圆形，平均粒重4.2克，花后一周处理一次，果粒可增至6～8克。果色紫黑，皮肉易分离，糖度18%～19%。在山东胶东地区4月上旬发芽，8月上中旬成熟。抗病性强，耐寒性强，适应性广，黏土、沙质土均可栽培。

安艺无核枝条、叶片与山葡萄相似，非常抗病。果实有浓郁的玫瑰香味，品质极佳。生长势强，结实率高，适宜棚、篱架栽培，中、短梢修剪。

4. 立川无核

日本培育，巨峰系，欧美杂交种。1998年引入我国。

果穗大，平均穗重660克，最大1 200克。果粒椭圆形，平均6克，用赤霉素处理后能达到10克以上，是无核品种中的特大粒品种。果实成熟后呈紫黑色，着色良好，肉质紧密，不易与果皮分离，酸甜适中，含糖量18%～20%，品质优良。

抗病性强，生长势较强，适宜中、长梢修剪。该品种在东京市场畅销，很受欢迎，并可作为观光和直销专用品种。

在山东平度大泽山农科园艺场，4月5日发芽，5月20日开花，7月底果实成熟，属早熟品种。

5. 奇妙无核

美国培育，又叫黑美人、神奇无核、幻想无核等。1998年引入。

嫩梢黄绿色，无茸毛，幼叶绿色，稍微带有紫色，有光泽。成叶中等大，深5裂，心脏形，叶缘锯齿锐，叶面光滑，叶面与叶背均无茸毛。叶柄洼开张拱形。

果穗圆锥形，平均穗重500克，最大1 000克。果粒着生中等紧密。果粒长圆形，黑色，果粉较厚，平均粒重6.5克，最大8克。成熟一致。果肉白绿色，半透明，果肉脆，硬度较大，果皮与果肉不易分离，风味甜。含可溶性固形物16%～20%，品质极佳。无核或有少量残核。果实耐贮运性好。早熟品种。

树势旺，最好用棚架栽培，并注意环剥的运用。

6. 夏黑

又名夏黑无核。欧美杂交种。巨峰系。日本培育，2000年引入我国。

果穗多为圆锥形，有部分为双歧肩圆锥形，无副穗。平均穗重415克，果穗大小整齐。果粒着生紧密或极紧密。果粒近圆形，平均粒重3.5克，膨大处理后果粒重加倍。紫黑色至蓝黑色，着色一致，成熟一致。果皮厚而脆，无涩味，果粉厚。果肉硬脆，无肉囊，果汁紫红色。味浓甜，有浓郁的草莓香味。无核，无小粒、青粒，含可溶性固形物20%～22%，品质优。挂果时间长，耐贮运。

植株生长势极强。隐芽萌发力中等，萌芽率85%～90%，成枝率95%，枝条成熟度中等。每果枝平均花序数1.45～1.75。隐芽萌发的新梢结实力也强。

树势强健，抗病力强。早熟品种。在南方有一定的发展空间。

7. 奥地亚无核

从罗马尼亚引入我国，欧亚种。

嫩梢紫红色，幼叶绿色带紫色晕，茸毛较少。成叶大，裂刻深，叶缘锯齿稍锐，叶面叶背均无茸毛，叶柄洼拱形。两性花。

果穗大，圆锥形，平均穗重500克，果粒着生紧密，上色、成熟较为一致。果粒大，椭圆形，紫黑色，平均粒重4克左右，无核。经膨大处理后能达到7～10克。可溶性固形物含量19%，味甜，果肉细脆，果皮薄，不落粒。

植株生长旺盛，适宜棚架栽培。坐果率极高，早果、丰产性极强，凡达到粗度0.4厘米以上的成熟枝条，第二年均能结果。要注意控制产量。

比巨峰早熟20天以上，属早熟品种。

（三）中熟品种

1. 莫里莎无核

美国培育，欧亚种。1999年引入我国。

嫩梢黄绿色，无茸毛。幼叶绿色，叶面叶背均无茸毛，有光泽。一年生成熟枝条红褐色。成叶中大，心脏形，5裂，叶面呈网状皱，叶背无茸毛。叶缘锯齿中等锐。叶柄背面淡红色，叶柄洼开张、矢形。

果穗圆锥形，多歧肩，平均穗重500克，最大1 000克以上。果粒卵圆形或长圆形，平均粒重5～6克，最大8克。果皮黄白色至金黄色，光亮，果皮中厚，中等韧度，不易与果肉分离。果肉黄白色，硬脆，甜，充分成熟时具有玫瑰香味。含可溶性固形物16%，品质上。无核，不裂果。较耐贮运。

树势中庸偏旺，结果枝率68%，较丰产。适合棚架栽培，中梢修剪。在山东平度8月中下旬果实成熟，属中熟品种。

2. 优无核（黄提）

美国培育，又名上等无核、美国黄提。欧亚种。

嫩梢淡红色，基部绿色，卷须红色。叶片中大，心脏形，叶缘锯齿钝，叶背无茸毛，无蜡质，叶色浓绿，叶脉白黄显著，叶柄中长，背面红色，叶质厚而韧，3～5裂，裂刻深，叶柄洼方形。

果穗平均重750克，最大1 200克。圆锥形。果粒长卵圆形，平均粒重6克，成熟后微黄色，故市场消费者称之为“黄提”。皮薄、肉脆、汁多、无异味，甜酸适口，含可溶性固形物

17%～18%，品质上。无核，果刷长，果粒着生牢固，耐贮运。

适应性较强，丰产性好。比巨峰早熟1周，属中熟品种。

植株生长势强，结实力中等。适合棚架栽培，中、长梢修剪。

3. 森田尼无核

美国培育，又叫无核白鸡心、世纪无核。欧亚种。

嫩梢绿色，有稀疏茸毛。幼叶薄，绿黄略带褐色，有光泽，叶片表面及背面有稀疏茸毛。成叶极大呈心脏形，深绿色。一年生成熟枝条为淡褐色。

果穗圆锥形，平均穗重829克，最大1 361克，果粒着生紧密。果粒长卵圆形，平均粒重5.2克，最大6.9克。用赤霉素处理后能达10克以上。果粒着生牢固，不落粒，不裂果。果皮黄绿色，皮薄肉脆，浓甜，含可溶性固形物16%，含酸0.83%。微有玫瑰香味，品质极佳。成熟期比巨峰早10天，属中熟品种。

树势强，枝条粗壮。结果枝率74.4%，每个结果枝着生1～2个果穗，双穗率达30%以上。丰产。果实成熟一致，抗霜霉病强，易染黑痘病。

适合棚、篱架栽培，中、短梢混合修剪。

（四）晚熟品种

1. 克伦生无核

美国1983年培育，欧亚种。1998年引入我国。别名克里森无核、克瑞森无核、绯红无核、可伦生无核、淑女红。由于外观漂亮，品质好，耐贮运，果实的市场销售很好，价格明显高于其他葡萄品种。

嫩梢红绿色，有光泽，无茸毛。幼叶紫红色，叶缘绿色。成熟叶片中等大小，绿色，深五裂。果穗中等大小，有歧肩，圆锥形，平均单穗重500克，最大穗重1 500克。果粒亮红色，充分成熟时为紫红色，上有较厚白色果霜，平均单粒重4克，环剥和赤霉素的应用可使果粒增加到6～8克。果肉浅黄色，半透明肉质，果肉较硬，不易与果肉分离，风味甜，可溶性固形物含量可达19%以上，糖酸比大于20:1。采前不裂果，采后不落粒，品质极佳。

植株生长势旺，幼龄期丰产性较差。抗病性较强，易感白腐病和黑痘病。在山东平度大泽山农科园艺场，4月5日发芽，5月20日开花，9月下旬采收。适合棚架栽培和高、宽、垂栽培，中、长梢修剪。

2. 皇家秋天

美国加州大学农业研究中心杂交育成，欧亚种。1999年引入我国。又名秋皇家无核、无核皇后、八月皇家。

嫩梢绿色，无茸毛。幼叶薄，红绿色，叶缘向上弯曲，呈漏斗状，无茸毛，有光泽。成叶中等大，心脏形，5裂，裂刻深。叶缘锯齿锐。叶表面、背面均无茸毛。叶柄红色，叶柄洼宽拱形。一年生成熟枝条褐色。

果穗圆锥形，平均穗重1 000～1 500克。果粒排列松散至紧。果粒大，平均重8.5克，卵圆形或椭圆形，有时有残核。紫色至黑色，果皮中等厚，肉质硬而脆，半透明。味清甜，品质上等。极耐贮运。

在山东平度大泽山农科园艺场，4月5日发芽，5月20日开花，7月底开始着色，9月中下旬采收，可在树上挂至10月底，品质更佳。抗病性较强，易感白腐病。该品种最大的缺点是枝条极脆，易折断。最好采用棚架栽培，中、长梢修剪。

3. 红宝石无核

美国培育，欧亚种。又名鲁贝无核、宝石无核等。

嫩梢绿色，略带紫红色条纹，无茸毛。幼叶厚，浅紫红色，有光泽。成叶心脏形，较平直，叶片厚，浓绿色，呈微波状，叶片5裂，上侧裂刻较深，下侧裂刻中深。叶面光滑，叶背有稀疏网状茸

毛，叶脉黄绿色，叶柄绿色带红，叶柄洼呈开张椭圆形，叶缘锯齿小而钝。卷须间生，多数为三分叉，也有双分叉的。两性花。

一般穗重800克，最大2 500克。穗形较松散。果粒椭圆形，平均粒重4克。膨大处理后能增加一倍以上。果粉、果皮厚度中等。含可溶性固形物16%，无核，味甜，口感好，果肉脆，耐贮运，品质上。9月中下旬成熟。适应性较强，较抗霜霉病、白粉病，不抗黑痘病。

树势强，生长旺，早果、丰产性好。适合棚、篱架栽培，长、中、短梢结合修剪。

第二节　酿酒葡萄品种

一、酿造红葡萄酒的主要品种

1. 赤霞珠

欧亚种，别名解百纳。原产法国波尔多，是栽培历史最悠久的葡萄品种。

嫩梢黄绿色，幼叶黄绿，叶面有光泽，叶背灰白色茸毛密。成叶中等大，圆形，叶缘锯齿钝，深5裂。果穗小，平均穗重175克，圆锥形或圆柱形，带副穗。果粒小，平均粒重1.82克，着生紧密，紫黑色，圆形，果皮厚，果肉多汁，有淡青草味，含糖量193.7克/升，含酸量7.1克/升，出汁率62%。

从萌芽到果实充分成熟需生长150～176天，为晚熟品种。生长势中等，结实力强，在肥水管理条件好的情况下，易早期丰产，扦插第二年亩产达450千克。风土适应性强，抗病性较强，较抗寒，喜肥水，宜篱架栽培，中短梢修剪。

2. 梅鹿辄

梅鹿辄原产法国波尔多，欧亚种。别名梅乐、梅鹿特。

嫩梢绿色，附带紫红，有茸毛。幼叶绿色，叶面、叶背茸毛极密，叶缘玫瑰红色。成龄叶片大，绿色，近圆形，锯齿锐，深5裂。果穗中等大，平均穗重189.8克，圆锥或圆柱形，带歧肩、副穗，穗梗长。果粒中等大，着生中等紧密，百粒重181.4克，近圆形，紫黑色，果皮较厚，果肉多汁，含糖量208克/升，含酸量7.1克/升，出汁率74%。

从萌芽到果实完全成熟需生长145～165天，为中晚熟品种。生长势强，产量较高，极易早期丰产。抗病性较强，但根系多水平生长，常出现营养生长不良，对土壤适应性差，喜肥沃，沙质土壤。宜篱架栽培，中梢修剪。

3. 西拉

欧亚种。我国在20世纪80年代引进试栽，现在山东、新疆、宁夏等地种植。

嫩梢绿色。幼叶黄绿色，叶面和叶背有乳白色茸毛。成叶中等大小，近圆形，叶面呈小泡状，叶背茸毛稀，锯齿钝，5裂，叶柄洼开张椭圆形。果穗中等大，平均穗重242.8克，圆锥或圆柱形，带歧肩，有副穗。果粒小，着生紧密，百粒重194克，圆形，蓝黑色。果皮色素丰富，具有独特香气。含糖量206克/升，含酸量9.3克/升，出汁率73%。

西拉为中熟品种。生长势中等，但很丰产。为保证酿酒质量，应适当限产。适合篱架栽培，中、短梢修剪。

4. 蛇龙珠

欧亚种。原产法国，同赤霞珠、品丽珠是姊妹品种。别名解百纳。1892年我国张裕葡萄酿酒公司最早从法国引进。在山东沿海地区栽培面积较大。

嫩梢绿色，茸毛稀。幼叶黄绿色，叶面有光泽，叶背茸毛密。成熟叶片大，近圆形，深绿色，叶缘部分向下卷，叶常为深紫红色，深5裂，锯齿锐，叶面呈皱纹状，叶背茸毛稀。叶柄洼

开张椭圆形。两性花。果穗中等大，平均穗重193克，在肥水管理条件好的果园，穗重可达400克，圆柱或圆锥形，有歧肩。果粒小，着生紧密，百粒重182克，圆形，紫黑色，果皮厚，果肉多汁。含糖量183克/升，含酸量4.6克/升，出汁率75%。

中晚熟品种。生长势极强，结实力较低。结果晚，植株一般在4年后才进入正常结果。抗病性较强，抗旱，适宜海滩沙壤栽培，不宜在肥沃的壤土栽培。适宜棚架或高宽垂架式，宜中长梢修剪。对栽培技术管理水平要求高，较难栽培。

5. 品丽珠

欧亚种。原产法国波尔多，栽培面积约35万亩。意大利南部和东北部栽培面积也很大。我国的宁夏、山东、北京、云南均有栽培。

嫩梢绿色，有茸毛。幼叶绿色，叶面有光泽，叶背茸毛紧密。叶片小，近圆形，5裂，叶面呈小泡状，叶柄洼心形。两性花。果穗中等大，平均穗重245.5克，圆锥形。果粒中等大，着生紧密，百粒重177克，圆形。紫黑色，果皮厚，果肉多汁，有青草味。含糖量176克/升，含酸量6.2克/升，出汁率76%。

晚熟品种。生长势中等，结实力中等，结果较晚。风土适应性强，耐盐碱，喜沙壤土栽培。抗病性中等，易感白腐病，如果栽培管理合理，病虫害综合措施得当，白腐病发生轻，产量稳定。

6. 黑比诺

原产法国，栽培历史悠久。黑比诺在欧洲种植比较广泛，法国栽培约18万亩，面积最大，其次为美国（6万亩）、瑞士（4.5万亩）。我国20世纪80年代开始引进，分布在甘肃、山东、新疆、云南等省区。

嫩梢绿色，幼叶绿色，叶面和叶背茸毛密。成熟叶片中等大，近圆形，浅3裂，叶面呈小泡状，叶背茸毛稀，锯齿钝，叶柄洼闭合椭圆形。果穗小，平均穗重225克，圆锥或圆柱形，有副穗。果粒小，着生极紧密，百粒重165克，紫黑色，圆形，整齐，果肉多汁。含糖量173克/升，含酸量8.2克/升，出汁率74%。

中熟品种。生长势中等，结实力强，结果早，产量中等。适宜温凉气候和排水良好的山地栽培。抗病性较弱，极易感白腐病、灰霉病、卷叶病毒和皮尔斯病毒。种植时，应选用健康苗木，采用篱架栽培，中、短梢修剪。浆果成熟期易落粒，因此，要及时采收。

7. 宝石

别名马加拉什宝石（Magaratch Ruby）。美国现栽培约4.1万亩。我国1980年由长城葡萄酒公司首次从美国引进。目前已在山东、云南、河北种植，山东栽培面积最大。

嫩梢绿色，附带褐色。幼叶绿色，叶面有光泽，叶背茸毛乳白色，极密，叶缘紫红。成叶片中等大小，近圆形，叶面光滑，叶背茸毛稀，叶柄洼开张椭圆形，叶片在秋季出现红色斑块。果穗中等大小，平均穗重247克，圆锥形，带歧肩，有副穗。果粒小，着生中等紧密，百粒重171克，近圆形，紫黑色或蓝黑色，果皮厚果肉多汁，单宁含量低，含糖量198.7克/升，含酸量6.6克/升，出汁率72%。

晚熟品种。生长势中等，偏弱。篱架栽培，中、短梢修剪。极易早期丰产，在栽培管理较好的沙滩地葡萄园，扦插（密植），建园第二年，亩产达1 592千克。抗病性强，较抗寒。

二、酿造白葡萄酒的主要品种

1. 霞多丽

原产法国。别名查当尼、沙尔多涅、莎当妮。欧亚种。我国20世纪80年代从法国和美国引种，山东省平度为中国主要的霞

多丽葡萄生产基地，栽培面积3 000余亩。

嫩梢绿色，幼叶深绿，叶面和叶背茸毛稀，叶缘淡红色。叶片中等大，心脏形，全缘或3裂，叶面网状皱，叶背茸毛稀，叶柄洼窄拱形，初叶脉紧贴叶柄边缘是与其他品种区别的主要特征。果穗小，平均重150克，圆柱形，带副穗和歧肩，极紧密。果粒小，百粒重138克，近圆形，绿黄色，果皮薄，果肉多汁，味清香，出汁率72%左右。

霞多丽从萌芽到浆果充分成熟需生长145～160天，为晚熟品种。生长势中庸，结实力强，极易早期丰产。宜篱架种植，中梢修剪。风土适应性强，适宜在较肥沃的土壤中栽培。抗寒，抗病性中等，易感染白腐病，因此，病虫害防治是其栽培成败的关键。

2. 意斯林

别名贵人香。原产意大利和法国香槟地区，是古老的欧洲种葡萄。

嫩梢绿色，附带深紫色条纹，茸毛中等密。幼叶黄绿色，叶面光泽，叶背茸毛密。成熟叶片小，心脏形，锯齿锐，深5裂，叶面平滑，叶背茸毛稀，叶柄洼拱形。一年生成熟枝条淡黄褐色，细，节间短，极易与其他品种区分。果穗小，平均穗重134克，圆柱或圆锥形，有副穗。果粒小，着生紧密，百粒重122克，圆形，绿黄色，果皮薄，果脐明显，有褐色斑点，果肉多汁。含糖量185.3克/升，含酸量8.0克/升，出汁率72%。

该品种属晚熟品种。生长势中等，结实力强，易早期丰产。抗病性较强，但幼叶、嫩梢易感黑痘病，对霜霉病、灰霉病、炭疽病、白腐病较敏感。如病虫害综合防治措施得当，病害易控制。风土适应性强，喜肥水，适宜沙滩、丘陵地生长，宜篱架栽培，中、短梢修剪。

3. 白雷司令

欧亚种。原产德国莱茵地区。别名约翰堡雷司令。世界栽培面积近100万亩，主要分布在德国莱菌河和莫泽尔河两岸以及独联体、美国、澳大利亚等国。我国20世纪80年代，由长城葡萄酿酒公司从德国开始大量引进栽培。目前，新疆维吾尔自治区种植约2万亩，河北、甘肃也有栽培。

白雷司令酒浅金黄微带绿色，味醇厚，酒体丰满，柔和爽口，持久的浓郁果香，是世界优质葡萄酒中最杰出的，是最好的酿造优质干白葡萄酒的品种。

嫩梢黄绿色，有茸毛。幼叶绿带橙黄色，叶面有光泽，叶背茸毛密。成叶片中等大，心脏形，浅5裂，锯齿钝，叶面呈小泡状，叶背茸毛稀，叶柄洼开张椭圆形。一年生成熟枝条浅褐色。两性花。果穗小，平均穗重177克，圆柱形或圆锥形，带副穗，穗梗短。果粒长，着生紧密，百粒重165克，圆形，黄绿色，整齐，果皮薄，果香独特，果肉多汁，含糖量177克/升，含酸量7.8克/升，出汁率67%。

属中晚熟品种。生长势中等，结实力强。结果早，产量低。抗病性弱，易感霜霉病、白腐病、灰霉病，在山东烟台管理措施较好的葡萄园，也常出现大量感病现象。适宜沙壤土栽培，喜肥水，适应温凉气候。为减少病害的发生，宜采用单干型整枝，以中、长梢修剪为主。白雷司令在新疆石河子地区和甘肃武威地区栽培表现很好，产量较高，品质极佳。

第三节　主要制汁葡萄品种

1. 康克

美洲种，原产北美，是从野生美洲种葡萄实生苗中选育的，1936年由日本引入我国。别名康可、黑美汁。

嫩梢绿色，幼叶绿色，一年生枝条红褐色。成龄叶心脏形，叶片大，厚。果穗小，穗长12～14厘米，宽10厘米，重150～200克，圆柱或圆锥形，中等紧密，有副穗。果粒中等大，纵、横径均为1.6～1.7厘米，单粒重2～3克，近圆形，蓝黑或紫黑色。果肉多汁，有肉囊，浆果成熟时散发出强烈浓郁的草莓香味，含糖量14～16度，含酸量0.68%～0.8%，出汁率65%～75%。每粒果含种子2～3粒。生长势强，结实力强，萌芽率高，结果枝率63%，每果枝平均果穗数2.2个。产量中等，亩产1 000千克左右。在山东平度8月20号成熟，属中熟品种。

康克适应性极强，抗寒，在我国华北地区可不埋土安全越冬。抗病性强，易管理。宜棚架或篱架栽培，中、短梢修剪。

2. 康拜尔

原产美国，1937年引入我国。在我国主要用于鲜食和制汁。名康拜尔早生。

嫩梢绿色，幼叶黄绿色带紫红色，一年生成熟枝条红褐色，节间较长。成龄叶心脏形，大，厚，浅3裂或近全缘。果穗中大，穗重130～250克，最大穗重700克，圆锥形，有副穗和歧肩，果粒着生紧密，不易落粒，可推迟采收以增进品质。果粒中等大，单粒重4～5克，近圆形，紫黑色，着色均匀，果皮厚，果肉柔软，有肉囊，具浓郁草莓香味，含糖16度，含酸量0.68%，出汁率80.6%，每粒果含种子3～4粒。生长势强，结实力极强，结果枝率79.3%，每结果枝平均果穗数2个，常有三穗果，副梢结实力弱。产量高，一般亩产1 500千克，产量过高时品质下降。8月上旬完熟，属中熟品种。

适应性强，耐瘠薄，抗寒，全国各地均可栽培，抗黑痘病、霜霉病和白粉病，宜棚架或篱架栽培，短梢修剪。

康拜尔汁，有典型康克果汁风味，酸甜适口，果香淡雅，回味深长，稳定性好，易存放。

3. 柔丁香

别名安而威因，欧美杂交种。

果穗圆锥形，中大，平均205克，中紧。果粒椭圆形，平均4.5克，绿黄色，果粉厚，皮厚，有肉囊，味甜，草莓香味浓。含糖17度，含酸0.6%～0.9%，出汁率65%。适应性强，抗病性强，抗旱、抗湿、抗寒，喜肥水和排水良好的沙壤土，宜篱架栽培。生产上要注意适时采收，浆果过熟，香味散发迅速，影响葡萄汁的香味和浓度。

柔丁香可酿制浓香型葡萄汁，也可作为调香葡萄汁，为其他葡萄汁增加香气。该品种是欧美杂交种中草莓香味最怡人和浓度最高的品种。

4. 紫玫康

欧美杂交种。是我国山西农业大学用玫瑰香和康拜尔杂交育成。经上海农科院园艺所引种栽培和制汁鉴定，制汁性状优于世界名牌品种黑贝蒂等6个外国品种，并具独特荔枝风味。

果穗圆锥形，平均穗重102克。果粒重4克。果皮紫红色，果肉柔软多汁，有肉囊。含糖量14度，含酸量1.25%。味酸甜，产量中等。

浆果出汁率73%。汁紫红色，果香味浓，酸甜适口，风味醇厚，有新鲜感。是我国南方制汁优良。

第四节　主要砧木

1. 贝达

美洲种，原产美国，为美洲葡萄和河岸葡萄的杂交后代，目前在我国东北及华北北部地区用做抗寒砧木栽培。

嫩梢绿色，有粉红附加色。成龄叶片较大，叶片较薄。果穗较小，平均穗重142克。果粒着生较紧密，平均粒重1.75克，

近圆形，紫黑色，皮较薄，味酸，有草莓香味，可溶性固形物含量15.5%，含酸量2.6%，出汁率77.4%，生食品质不佳。

植株生长势极强，适应性强，抗病、抗湿力强，特抗寒，在华北地区可不埋土安全越冬。枝条扦插容易生根，与欧洲品种或欧美杂交种品种嫁接，亲和性良好，是较好的抗寒、抗涝砧木。

贝达品种抗寒性显著强于一般欧亚种品种和欧美杂交种品种，且与栽培品种嫁接亲和性良好，因此，华北、东北地区用其作为抗寒砧木。贝达作为鲜食品种砧木时有明显的"小脚"现象，而且对根癌病抗性稍弱，栽培时应予重视。近年发现，在南方地区，贝达作为葡萄砧木还有明显的抗湿，抗涝特性。因此，在南方葡萄产区贝达作为抗湿砧木也有良好的应用价值。

2. SO4

SO4是德国从冬葡萄和河岸葡萄杂交后代中选育出的葡萄砧木品种。由法国引入我国。

嫩梢被白色茸毛，边缘具桃红色。新梢截面棱形，枝条节处呈紫色。幼叶古铜绿色，上有丝状茸毛；成龄叶中大。新生枝条较细，成熟枝条深褐色，有棱，枝上无毛，芽较小而尖。卷须长，常分为三杈。雄性花。

SO4是一种抗根瘤蚜和抗根结线虫的砧木，耐盐碱，抗旱、耐湿性显著，生长旺盛，扦插易生根，并与大部分葡萄品种嫁接亲和性良好。

SO4是世界各国广泛应用的抗根瘤蚜、抗根结线虫砧木，生长旺盛、易扦插繁殖，嫁接亲合性良好。我国山东、浙江等地已将其应用于生产，其嫁接苗生产旺盛，抗旱、抗湿，结果早，产量较高，嫁接品种成熟期略有提早现象。SO4作为欧美杂交种四倍体品种的砧木时有"小脚"现象。

3. 5BB

5BB由冬葡萄与河岸葡萄的自然杂交后代中经多年选育而成

为葡萄砧木品种，由美国引入我国。

嫩梢梢冠弯曲成钩状，密被茸毛，边缘呈现桃红色。幼叶古铜色，叶片被丝状茸毛；成龄叶大，楔形，全缘，主脉叶齿长，叶边缘上卷，叶柄洼拱形，叶脉基部桃红色，叶柄上有毛，叶背无毛，叶缘锯齿拱圆宽扁。雌性花。果穗小，果粒小，黑色，不可食。新梢多棱，成熟枝条米黄色，节部色深，枝条棱角明显，芽小而尖。

5BB 抗根瘤蚜，抗线虫，耐石灰性土壤。植株生长旺，一年生枝条长而且直，副梢抽生较少，产枝力高，扦插生根率高，嫁接成活率高。在田间嫁接部位靠近地面时，接穗易生根和萌蘖。一些地区表现出与品丽珠等品种嫁接不亲和现象。

5BB 引入我国时间不长，在各地试栽表现出明显的抗旱、抗南方根结线虫和生长快、生长量大的特点，浙江等省用其做鲜食品种砧木生长结果表现良好。但该砧木与部分品种嫁接有不亲和现象，而且抗湿、抗涝性较弱，生产上要予以重视。

第三章　生物学特性

第一节　主要器官及其生长习性

葡萄营养器官包括根、茎、叶、芽，生殖器官包括花、果实、种子。了解不同器官的形成和生长习性，对推广应用农业现代技术措施具有重要的意义。

一、根

（一）根的种类和作用

葡萄的骨干根为黑褐色，幼根乳白至白色。用种子培育的实生苗，根系深，分根角度小，有明显的主根、侧根、须根和根茎。用枝条扦插的苗木，则没有主根和根茎，分根角度大，有明显的层次和从属关系。主根和各级侧根的主要功能是输送养分、水分，贮藏有机物质和固定作用；而幼根主要是吸收养分、水分和有机物质的合成；根毛吸收土壤中的水分和无机物质，数量多，是吸收的重要器官，但寿命短，一般仅 15～30 天，当新根发生之前或新老根交替之际，水分、养分的吸收则靠菌根，菌根分为内生菌根和外生菌根，能促使土壤不溶性物质变为可溶性物质供根吸收。春季根系吸收水分和养分，主要靠强大的根压沿木质部向上输送，生长季节则靠叶片的蒸腾作用，不断向上输送。在高温多湿的条件下，2～3 年生以上的葡萄枝蔓则产生不定根，由于枝蔓长期在空中生长，得不到适宜的扎根条件，所以，生长到一定的时期则木质化，一旦遇到低温和干燥的环境即死亡，这类根成为气生根。

（二）根的分布与周年活动

葡萄根系一般多集中在30～60厘米深的土壤中，水平根比垂直根多，分布范围大，一般欧亚种比美洲种根系分布深；生长在土壤干燥、肥厚的根系比生长在土壤潮湿瘠薄的根系深。葡萄园深翻，活土层加厚对根系的生长量与分布有重要影响，一般深翻100厘米以上时根量比未深翻的增加50%～80%。同时，根系的分布深度相应增加30厘米左右。

葡萄根系在土温8～10℃时即开始活动，而开始生长在12～13℃，根系最适宜生长的土温是21～24℃，超过28℃或低于10℃即停止生长。据大泽山北昌村葡萄园调查：葡萄的根系生长全年有两次高峰，第一次在6月间，第二次在9月上旬至10月上旬，第一次生长高峰的持续时间与根系生长量均大于第二次。但由于土壤的理化性能和土层深度的差异，土温的变化不同，沙土表层（15～20厘米）受气温影响较大，上升与下降均比黏土和深层快，因此，沙性土壤栽植的葡萄根系活动早，结束也早。深层根系（70厘米以下）的活动比表层根系的活动一般晚15～20天，如果深层土温常年保持在13℃以上，则根系可周年生长。

二、茎

（一）茎的类型

葡萄的茎包括主干、主蔓、侧蔓、结果母蔓、一年生枝、新梢和副梢等。

新梢是有芽萌发而成的带有叶片的当年生枝，带花序的称为结果枝，无花序的为发育枝（营养枝）。从植株基部萌发的称为萌蘖枝，新梢有主梢和夏梢之分。主梢有冬芽萌发，夏梢由主梢上的夏芽当年抽生而成，到秋季即为一年生枝，冬剪时留作次年

结果的一年生枝称为结果母蔓（枝）。着生结果母枝的为侧蔓，着生侧蔓的为主蔓，着生主蔓的为主干。

（二）茎的生长发育

葡萄新梢由顶芽及节间延伸生长而成，新梢的节上面着生叶片和芽眼，另一面着生花序或卷须。形成层不断分裂而使枝蔓逐年加粗。葡萄的新梢年生长量，在良好的自然条件下可达10余米。一般气温10℃时开始生长，直到秋季气温降到10℃时才停止生长；葡萄副梢由新梢叶腋萌发可抽生二次枝、三次枝，可利用二次枝整形，提早结果和多次结果。

三、芽

芽是茎、叶、花的过渡器官，是形成葡萄枝蔓、叶片、花序和新植株的基础。

葡萄芽是一种混合芽，分为冬芽、夏芽和潜伏芽。它具有早熟性，在年生长周期内能抽生多次新梢，并多次结果，对加速整形，提早进入结果期，增加产量，抵抗不良外界环境条件和延长生命均具有重要作用。

（一）芽的种类及其发育

1. 冬芽

是由1个中心芽（主芽）和3～8个预备芽（副芽）组成，带花序的称为花芽，不带花序的称为叶芽，从外部形态上很难区别花芽、叶芽。整个冬芽的外部有一层保护作用的鳞片，其内密生茸毛，正常情况下越冬后才萌发故称冬芽。一般冬芽中心芽在当年仅能分化出6～8节，预备芽只分化3～5节。冬芽的中心芽萌发后形成的新梢称为主梢。预备芽一般不萌发，只有在特殊情况下（如养分特别充足，局部受刺激或中心芽死亡等）才萌发抽生新梢，称为主芽副梢。在同一节上抽出2～3个新梢，称为双发枝或多发枝。一般每节只留一个新梢，在特殊情况下（如花序少，植株负载量较少时）也可留2个新梢以增加产量。冬芽受到刺激（如人为摘心、主梢局部受害等）也可在当年萌发，同时，还可在二次枝上开花结果，出现一年多次结果现象。如果冬芽在秋季萌动，还未抽出新梢遇低温死亡，或早春萌动后遇低温死亡，这种不再萌发的芽称为“瞎眼”。同一枝上不同节位的芽，质量有所不同，基部芽发育不良，质量较差，中部芽多为饱满的花芽，上部芽次于中部芽，这种差异称为“芽的异质性”。这种特性除了与芽形成时的外界环境条件有关外，不同品种由于生物学特性的不同，其优质芽部位的高低也有所不同。掌握所栽培的不同品种特性和优质芽所在的部位，可为修剪提供理论依据。

2. 夏芽

着生在冬芽的一边（裸芽），当年可抽出新梢（夏梢），也称副芽，副芽在适宜的环境条件下或通过农业技术措施（如摘心、喷激素、肥水管理）在短时间内也可形成花芽。生产中对某些品种（如玫瑰香、葡萄园皇后、巨峰等）利用副梢进行结果，从而增加产量与延长葡萄供应周期。一般副梢的果穗、果粒比主梢的小，且皮厚、汁少，糖、酸含量较高。当主梢发育正常，负载量适中时，植株的营养物质均供应主梢的生长与结果，因而副梢的生长发育也就正常，如果副梢过旺或过弱说明了养分失调，要进行合理调整，以保证植株的正常生长发育。

3. 潜伏芽

属于发育不完全的基底芽，当年没有萌发而潜伏在皮层内，一般不萌发，只有部分枝蔓受到伤害或刺激时才萌发，但多数没有花序，接近地面萌发的枝条一般用于更新或整形。

不同类型的芽，其萌发顺序不同，正常情况下冬芽的中心芽先萌发，当它受到伤害或局部养分充足时，预备芽也可同时萌发；如果冬芽死亡，则潜伏芽大量萌发。在生长季节主梢摘心

后，副梢迅速代替主梢，当一次副梢摘心后，二次副梢开始生长，每次摘心后便可促使更高一级的枝条萌发，如果把副梢全部摘除或强行摘心，便迫使冬芽在当年萌发。各种芽的萌发顺序是葡萄进化和适应各种外界环境而形成的。

（二）花芽的分化及其发育

1. 冬花芽

冬花芽的分化多在主梢开花期开始，终花后两周第一花序原基全部形成，同时第二花序原基开始产生，以后分化逐渐减缓。一般谢花后 8 周完成第二个花序原基的分化，在此期间第一个花序原基仍在继续增长。良好的条件即可产生完整的花序原基，否则便产生不完整的花序原基，甚至是卷须。因此，花期也是花芽分化的重要的临界期。当冬芽开始进入休眠时，花芽的分化基本停止。第二年春冬芽萌动，花序原基将继续分化和生长发育，营养物质充足时，可促使花序分化增大，反之可迫使退化为卷须，这是花芽分化的另一个营养临界期。随着冬芽的萌发和生长，逐渐完成花器官各部分（雌雄蕊、花粉粒、胚等）。因此，体内营养物质的充足与否，对花芽分化具有重要的作用。另外，品种不同花芽在新梢上的分布也有所不同，一般欧美杂交种和西欧品种群花芽分布的节位较低，东方品种群较高。

2. 夏花芽

夏花芽的分化时间短，花序的多少、有无与品种和农业技术措施的不同而有所差异。可运用人工摘心、喷激素等措施促使夏芽花芽分化，形成一定的经济产量。

四、叶

（一）叶的形状和作用

葡萄的叶片互生，掌状。由叶片、叶柄和托叶组成，托叶在叶片展开后脱落。叶片通常为单叶网状脉，通常 3 ~ 5 个裂片，裂片之间缺口称为裂刻。叶柄与叶片相连接处为叶柄洼。同一新梢上不同节位的叶片，其大小、形状等都有所不同。一般生长初期和末期的叶片较小，缺刻浅，不规律，而中部叶片（7～12节）特征比较稳定，故多以它作为识别品种的标志。

叶片是进行光合作用，呼吸作用和蒸腾作用的器官，是制造有机营养物质的重要场所。光合作用最适宜的温度为25℃左右，光合作用的效能随叶龄的增大而提高，叶片停止生长前到充分成熟时最高，以后则随叶片的衰老而减低。初花期和幼果期4～8节上的叶片光合效能最高，而着色至采收期则以8～12节上的叶片光合效能最高。

(二) 叶的周年生长

自展叶后到叶片不再继续增大时所需的天数称为叶的周年生长，主梢叶片为22～30天，副梢为18～20天。叶片有两个生长高峰，第一个生长高峰是在展叶后第4～6天，第二个生长高峰在10～12天，其他各节叶片则依次向后顺延。当秋季气温降到10℃时，叶绿素开始逐渐减少直至呈现秋叶色，同时叶柄产生离层而自然脱落。

五、花、花序、卷须

(一) 花

葡萄的花是由花萼、花冠、雄蕊、雌蕊、花托、蜜腺和花梗七部分组成。萼片小而不显著，花冠五片呈冠状，包着整个花器。雌蕊有一个2心室的上位子房，每室各有2个胚珠，子房下有蜜腺，分泌香精油。雄蕊5～7个，由花丝和花药组成，排列四周。开花时因子房和雄蕊伸展的压力，花冠基部呈五裂，由下而上卷起呈帽状脱落，有时也出现花冠不脱落呈闭花现象。花分为两性花（完全花）和单性花（雌花或雄花），也有过渡类型的花。每个花序200～2 000个花朵。单一花朵的开放速度与温、湿

度有着密切的关系，其最适温度27.5℃，湿度为56%左右，当温度低于20℃或高于30℃时则极少开放或不开放。

葡萄的花粉粒极小，它借助风力和昆虫传播。成熟的雌蕊柱头上能分泌出一种珠状液体，花粉粒黏在上面，在适宜的温度条件下萌发，首先伸出花粉管，沿柱头的疏松组织延伸，透过子房的隔膜而进入胚囊的胚珠进行受精。受精后的胚乳，种皮很快开始发育，每一胚珠形成一粒种子，其数量因胚珠受精数目而定，未受精的子房便脱落。

(二) 花序

葡萄花序是由花序梗、花序轴（穗轴)、花梗和花蕾组成。整个花序属于复穗状花序。花序以中部的花蕾成熟最早，基部(肩部）次之，穗尖最晚，所以，开花的先后即由中部、基部、穗尖顺序开放。一个花序的开放时间需5~8天，第2~4天为盛花期，遇雨或低温花期延迟，一天中的开放时间集中在上午7:00~10:00。

(三) 卷须

卷须与花序在器官发生学上属同源器官，都是茎的变态，卷须用于缠绕异物以固定枝蔓。卷须的大小、形状因种和品种而异，一般为2~3个分杈，在卷须上有时也发现花朵或叶片，当卷须缠绕其他物体时便迅速生长并木质化，反之则长期呈绿色而后干枯脱落。在生长上为了便于管理和节省养分，通常将卷须除掉。

六、果穗、浆果、种子

(一) 果穗

葡萄花序的花，通过授粉、受精发育成浆果后即称为果穗。果穗由穗梗、穗轴和浆果组成。果穗的形状可分为圆柱形、单歧肩圆柱形、双歧肩圆柱形、圆锥形、单歧肩圆锥形、双歧肩圆锥形、分枝形等。果穗的松紧度则以果穗平放时视其形状变化程度而定。

（二）浆果

葡萄的果实含有大量的水分，汁液特别多，故称为浆果。由果梗、果蒂、果皮、果肉、果心和种子组成。果梗与果肉相连的维管束形成果刷。外果皮含有色素和芳香物质、单宁等，大部分品种的果皮上均覆有一层果粉，果皮上棕色斑点（有些品种不明显）是由木栓化的细胞形成。果心（内果皮）是由子房隔膜所形成。果肉（中果皮）是由子房壁发育而成，是果实的主要部分。果实含有60%~90%的水分，10%~30%的糖，1%左右的有机酸及单宁、色素等。果实颜色是由于果皮细胞中含的色素不同所致，一般无色（绿、黄）品种含有大量的叶黄素、胡萝卜素等；而有色（粉红、红、深紫、蓝黑）品种则因溶于细胞液中花青素的不同而产生各种颜色。果皮颜色与酿酒有密切关系。果粉的多少、果肉的软硬、果皮的厚薄对运输、贮藏、酿造、生食均有一定的影响。

浆果的发育有两个明显的生长高峰，一般花后数天细胞停止分裂，体积迅速增大，即出现第一个高峰；持续一个月左右，经过一段缓慢生长后出现第二个高峰。在第二个生长高峰开始缓慢生长后，浆果即开始变软并有弹性，叶绿素逐渐消失，胡萝卜素、叶黄素、花青素、含糖量等逐渐增加，直至种子变硬，果穗梗木栓化即表明果实成熟。

浆果的形状分为卵形、倒卵形、鸡心形、瓶形、圆形、椭圆形、长圆形等。果粒大小一般以纵茎计算，分极大（23毫米以上）、大（19~22毫米）、中（13~18毫米）、小（13毫米以下）。

（三）种子

葡萄的种子具有坚实而厚的种皮，上有蜡质，胚乳为白色，

由脂肪、蛋白质等组成，胚由胚芽、胚茎、胚根及子叶组成。种子的外形分腹面和背面，腹面有两道小沟为缝合线，两侧凹下称为核洼，而背面中央有一个合点，种子的尖端部分称为喙，每粒果实含1~4粒种子。同一品种浆果发育大而发育正常的种子数量多，反之则少。无籽品种的浆果较小，而种子发育不充分（败育或退化所致）。

第二节 年周期生长发育特性

植株在一年中生长发育规律性的变化称为年周期。它是通过营养生长期和休眠期的互相交替来完成的。

一、营养生长期

从春季平均气温稳定在10℃左右，地下部和地上部开始活动时起，直到秋季落叶时止，称为营养生长期，一般可分6个时期。

（一）伤流期（树液流动期）

当土温达到7~10℃时欧亚种葡萄的根系开始活动，美洲种和东北山葡萄等在6~7℃时即开始活动。树液由下向上输送，当遇到新鲜伤口时即流出体外，这种现象称为“伤流”。芽眼萌发后伤流即可减少或停止，伤流量依种、品种和土壤湿度等条件而异。伤流液中含有0.1%~0.2%的干物质（其中，2/3是糖类和氮，1/3是矿物质），因此，大量伤流对葡萄生长发育极为不利，一般伤流持续时间5~15天，由于植株开始活动，需要一定的水分和养分，要结合发芽前浇水施部分氮、磷为主的速效肥，以利花芽继续分化和当年产量的提高。

（二）萌芽及新梢生长期

当气温上升到10℃以后，芽眼开始萌发，到开花始期为止。

随着气温的升高，芽眼的萌发，花序的继续分化，新梢的生长及叶片增大等一系列生命活动的加速进行，这期间所需要的大量营养物质（特别是氮素营养物质），主要靠树体内贮存和春季吸收的营养物质。因此，树体贮存营养状况和早春的肥水管理对葡萄早期的生长发育有着重要的作用。持续时间一般在 30～45 天，由于这一阶段各器官处在旺盛生长阶段，也是奠定当年生长结果的准备阶段，所以必须适时进行肥水管理，同时，为节约养分应及早疏除无用芽，及时绑缚新梢，合理调节负载量等。

（三）开花期

从开花到开花结束称为开花期。一般气温达到 25～30℃时，即大量开花，如果低于 15℃则不能正常开花与受精。花后 3～5 天为第一次落果期。在低温、多雨、干旱等不良外界条件下，影响授粉受精的顺利进行，加重落花落果的产生。开花期间由于开花、花芽分化、枝、叶的生长都消耗大量的营养物质，因此，生殖生长与营养生长争夺养分极为激烈。此阶段持续时间 7～12 天，盛花期一般在开花后第 2～4 天。这时必须及时绑蔓，控制副梢生长或摘除，以节约养分，改善通风透光条件。花前、花后要进行追肥和浇水补充树体，对落花落果严格的品种，可在花前 3～5 天摘心，喷 0.1% 硼砂，提高坐果率。

（四）浆果生长期

自子房开始膨大发育成果实到着色前止。当果实长到 2～4 毫米时，部分果粒因营养不足而停止发育，产生第二次脱落（生理落果），留下的浆果便开始迅速生长。此时种子也基本形成。新梢继续生长，随之冬芽、夏芽形成，花芽继续分化。因此，必须给予足够的营养物质，否则会产生严重的落果，影响花芽分化以及枝蔓的生长发育。此阶段的持续时间，早熟品种 35～60 天，中熟品种 60～80 天，晚熟品种 80 天以上。在此阶段应加强树体管理，及时中耕除草和增施磷、钾肥，加强通风透光，适当控制

枝蔓生长，注意病虫害防治等工作。

（五）浆果成熟期

自浆果开始变色至完全成熟时为止。开始成熟时其表皮出现该品种固有的颜色并变软（具有弹性）。浆果内部含糖量迅速增加，含酸量及单宁等迅速减少，新梢生长缓慢，基部开始木质化，花芽继续分化，种子变为棕、褐色、穗梗木质化，根部营养物质和积累逐渐增加，为越冬和次年生长发育做好准备。此阶段持续时间，一般为 20～30 天，但因品种和浆果用途不一而采收期不同。掌握适时采收对保证浆果品质极为重要。应注意控制水分，湿度过大会产生烂果及病害蔓延。前期干旱，后期湿度增大易产生裂果。同时，对植株要及时进行根外追肥（以磷、钾肥为主），对过密的老叶片可适当摘除。

（六）新梢成熟和落叶期

自浆果生理成熟到落叶为止。此期叶片制造的大量养分开始运送到根部和枝蔓上贮藏。一般品种在浆果发育的后期新梢已开始木质化。浆果采收后，新梢木质化加快，成熟枝梢一般变成棕、褐色。其成熟快慢依品种抗寒性而定。通常抗寒性强的品种枝梢成熟快，随着气温下降，树体内部产生一系列的生理生化变化，使植株得到锻炼。此时叶绿素分解，叶片变黄或红色，叶柄基部产生离层而自然脱落。此阶段持续时间长短不一，越是晚熟的品种持续时间越短，反之则长。一般为 30～100 天。采收后应及早施用有机肥，保护叶片并促使枝蔓加快成熟，为植株越冬创造良好的条件。

二、休眠期

休眠期间叶片脱落，枝条停止生长，但内部各种复杂的生理生化过程仍在缓慢进行。一般休眠期分为生理休眠和被迫休眠两种。

（一）生理休眠

葡萄自新梢开始成熟起，芽眼自下而上进入生理休眠期，此时即使有适宜的条件，芽眼亦不萌发。一般落叶后在0～5℃的条件下，经过一个月左右才会萌发，所需时间的长短依种和品种而异。生理休眠是葡萄在长期的进化过程中，为了适应冬季的不良环境而形成，其生理休眠期越长，对适应冬季低温的能力越强，越能适应严寒地区栽培。

（二）被迫休眠

当植株的生理休眠完成以后，外界环境条件仍然不适合，植株仍表现休眠状态，一旦外界条件适宜，植株就开始正常发芽生长，这一时期称为被迫休眠。休眠期的长短除与种、品种有关外，外界温度条件起到很大的作用。

第四章　育苗技术

葡萄苗木繁育有两种方法：一是营养繁殖；二是有性繁殖，即种子繁殖。生产上广泛应用的是营养繁殖。营养繁殖包括硬枝扦插、绿枝扦插、压条、嫁接等多种繁殖方法。

第一节　繁殖方法

一、扦插育苗

扦插育苗是目前葡萄苗木繁殖应用最广而又简便易行的方法，主要有硬枝扦插和绿枝扦插育苗。葡萄枝蔓的节上或节间都能生根，这种根叫不定根。葡萄枝蔓上任何一个部分都可生成新根。但在葡萄枝蔓的节上生根较多，这是因为节的部位有横膈膜，贮藏营养物质较多。从枝龄上看，一年生枝条和嫩枝生根较好，而多年生蔓生根较差。

（一）硬枝扦插育苗

就是利用成熟的葡萄枝蔓进行扦插繁殖，扦插的插条，通常是带有 2 个芽的一段充实的一年生枝，在繁殖材料困难时，也可用单芽插条繁殖。

1. 插条的采集

插条采集多结合冬季修剪进行。剪条时要选植株健壮、无病虫害的丰产植株，剪取充分成熟、节间适中、芽眼饱满的一年生中庸枝条（粗度 0.7 ~1 厘米）为插条，过粗的徒长枝和细弱枝

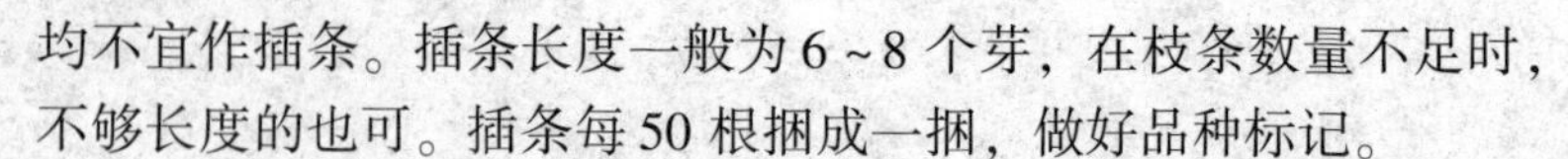

均不宜作插条。插条长度一般为6～8个芽，在枝条数量不足时，不够长度的也可。插条每50根捆成一捆，做好品种标记。

2. 插条的贮藏

贮藏插条和贮藏苗木一样，最忌贮藏的湿度过大。插条的冬季贮藏一般采用沟藏，贮藏沟设在地势高燥的背阴处，沟深60～80厘米，插条平放或立放均可，放一层枝条撒一层湿沙，以减轻枝条呼吸发热。如果没有沙子，也可用湿土，土的湿度为10%左右，捆与捆之间用细土填充。摆放枝条的层数以2～3层为宜，过多不便于检查管理，也易造成发热霉烂。插条中间每隔1～2米竖一个直立的草秸麦捆，以利上下通气。插条放好后，最上面覆一层草秸，最后再覆20～30厘米厚的细土，在寒冷地区，覆土厚度还要适当增加。插条贮藏期间，应注意经常检查，使贮藏沟内的温度保持在1℃左右，温度过高枝条易发霉，若发现枝条发霉要及时翻晾通风，重新贮藏。

插条也可在室内作保温、保湿贮藏。贮藏温度掌握在0～5℃，沙子湿度以手握成团，一触即散为度。在插条贮藏其间，应经常检查沙的湿度。

3. 插条剪截

插条从贮藏沟中挖出后，先在清水中浸泡24小时以上，使其充分吸水。然后按所需长度进行剪截，一般扦插留双芽。顶端芽一定要充实饱满。在顶芽上距芽1厘米处平剪，下端在下芽下0.5厘米处斜剪成马蹄形。

4. 扦插繁殖方法

（1）露地扦插繁殖（不催根扦插）　育苗地应选在地势平坦，土层深厚、土质疏松肥沃、同时有灌溉条件的地方。秋季土壤深翻30～40厘米，结合深翻每亩施用有机肥料3 000～5 000千克，并进行冬灌。早春土壤解冻后，及时耙地保墒。扦插分平畦扦插、高畦扦插与垄插。平畦主要用于较干旱的地区，以利灌

溉，高畦与垄插主要用于土壤较为潮湿的地区，以便能及时排水和防止畦面过于潮湿。平畦扦插与高畦扦插，扦插前要做好苗床，一般畦宽1米，长8～10米，扦插株距12～15厘米，行距30～40厘米，每畦插3～4行。扦插时，枝条斜插与土中，地面露一芽眼。并使芽眼处于枝条背面的上方，这样抽生的枝条端直。垄插时，垄宽约30厘米，高15厘米，垄距50～60厘米，插条全部斜插于垄上，株距12～15厘米，插后在垄沟内灌水。如果有条件，采用先作畦，喷乙草胺除草剂，然后覆盖地膜，再扦插效果更好。

扦插时必须注意插条上端不能露出地表太长，同时要防止倒插和避免品种混杂。扦插时间以当地15～20厘米的土温稳定在10℃以上时开始。葡萄扦插后到产生新根前这一阶段，要防止土壤干旱，及时浇水。当插条生根后，要加强肥水管理，7月上中旬，苗木进入迅速生长期，应注意施用速效肥料2～3次。为了使枝条充分成熟，7月下旬至8月，应停止或减少灌水，同时加强病虫害防治，进行主梢、副梢摘心，以保证苗木生长健壮，促进加粗生长。

（2）催根扦插　催根就是根据葡萄生根对温度的要求，人为地加温促进不定根形成。常用的催根方法有温床催根、火炕催根、电热催根和化学药剂催根。

①温床催根：在温床内用酿热物质造成生温条件，促进生根。催根前，先在地面挖床坑，坑底中间略高，四周稍低，然后装入20～30厘米厚的生马粪，边装边踏实，踩平后浇水使马粪湿润，盖上塑料薄膜，促使马粪发酵生热。数天后温度上升到30～40℃时，再在马粪上面铺5厘米左右厚的细土，待温度下降并稳定在25℃左右时，将准备好的插条整齐直立的排列在上面，枝条间填入湿沙或湿锯末，以防热气上升和水分蒸发。插条下部土温保持在22～25℃。注意插条顶端的芽切勿埋入沙中，以免

受到高温影响。催根期间要保持沙或锯末较低的温度，以防止芽眼过早萌发。

②火炕催根：一般采用回龙火炕、半地下式或地上式。炕宽1.5～2米，长度随需要而定。具体的修造方法是先在炕床下挖2～3条小沟，小沟深20厘米，宽15厘米。小沟上面用砖或土坯铺平，这就是第一层烟道即主烟道。烟道出口处至入口处应有一定的角度，倾斜向上，这样有利于抽火。再在第一层烟道上面用砖或土坯砌成花洞，即为第二层烟道。烟道上摸泥修成炕面，周围用砖砌成矮墙。火炕修好后，要先进行试烧，温度过高应进行填土，在炕面各处温度均匀时（20～28℃），铺10厘米厚的湿沙或湿锯末，上面摆放插条进行催根，炕面以上覆盖塑料薄膜防止插条失水干枯。

③电热催根：利用电热线加热催根是一种效率高、容易集中管理的催根方法。一般用DV系列电加温线按线距5～6厘米的距离，在催根苗床上来回布绕，用电加温以提高催根苗床的地温。电热温床每天早晚通电，床内温度达25～30℃时即可断电。有条件的地方最好安装控温器，将温度控制在25℃，使用控温器不但可以节约用电，而且省去观察温度和开关电源的手续。

④化学药剂处理：葡萄插条芽在10～12℃即可萌发，而插条产生根则需要15～20℃较高的温度，因此一般扦插后往往先萌芽后生根，而且根生长缓慢。在春季露地扦插时，因气温较高，土温较低，往往刚萌发的嫩芽因水分供应不上而枯萎，影响扦插成活率。用药剂处理能有效地促进生根。促进生根的药剂种类很多，其中，以50毫克/千克吲哚乙酸（IBA）或50～100毫克/千克萘乙酸（NAA）或100～300毫克/千克ABT生根粉浸泡插条基部12～14小时效果最好。为了少占用容器，用300～500毫克/千克的萘乙酸快速浸沾枝条基部5～10秒钟，然后立即催根或扦插也有良好的效果。

无论哪种催根方法，为了保证良好的催根效果，必须注意以下几点。

第一，不同催根方法催发生根的时间互不相同，但一般最适进行扦插的催根程度是新根突破皮层长达0.2～05厘米时即应进行扦插，催根过长扦插时容易碰断新根，影响扦插成活率。

第二，催根时间要灵活掌握，如果催根后直接在露地扦插，催根宜略迟，以便处理后即可露地扦插，如果在保护地育苗可适当提早催根。

第三，加热催根时，催根后期有个逐渐降温的过程，使新根适宜外界环境条件后再进行扦插育苗。

第四，经过催根处理的插条，在扦插时切忌损伤根系。扦插到苗床以后，要灌足水，使新根与床土密切结合。

（3）葡萄营养袋育苗　为了缩短育苗周期，充分利用好现有优良品种的种条，快速扩繁新品种，近年来探索出一套葡萄单芽工厂化营养袋育苗的新技术。育苗时间由原来的一年缩短为3～4个月；育苗量由常规每亩1万～1.5万株，扩大到每亩10万～15万株。一些果农由原来的毁坏麦田种葡萄发展到收了麦子种葡萄，并能达到当年壮苗的目的。主要技术介绍如下。

①营养袋育苗所需要的必要条件：a. 温室大棚，面积根据繁殖数量而定。温度控制在25～30℃。b. 准备催根用的电热线、控温仪等。c. 准备塑料布、营养袋、营养土、肥料、河砂、萘乙酸或生根粉等。d. 准备优良的种条，选择芽眼饱满，充分成熟的一年生枝条。扦插前1～2天用清水浸泡枝条，并用波美5度石硫合剂消毒处理。

②育苗方法：a. 育苗时间。比常规大田育苗提早1.5～2个月。b. 温床催根、催芽。先在大棚的一角设电热温床，安装方法与电热催根相同。温床的大小按每平方米5 000～6 000个枝条进行设定，也可以每20天催根一批，分批进行。温床上铺锯末

或沙5~8厘米厚，喷水后备用。

2月中旬开始剪截枝条，剪截时芽上留1厘米平剪，芽下留5厘米左右斜剪，于枝条基部1~2厘米处速蘸300~500毫克/千克的萘乙酸5~10秒，随剪截随扦插，扦插深度5厘米，芽与温床面持平，按每平方米5 000~6 000个单芽进行扦插。

扦插完后喷透水，温度保持在25~28℃。经过15天，种条即可产生愈伤组织和幼根，同时芽眼可萌发。如果温度保持不好，生根时间将会推迟。营养袋育苗的关键是要注意控制水分，水分过多，会造成枝条腐烂变质，因此要经常检查。

③营养土配制和装袋：因育苗工作在早春进行，故营养土的准备应在秋末冬初，将砂、土、肥按1∶2∶1的比例配好，土要选择含有机质高且熟化好的表土，肥要用腐熟好的牛、羊、驴、马粪，选用粗细均匀、透气性好的沙土，3种成分拌匀过筛后备用。

营养袋的大小可根据定植时间早晚而定，如果幼苗定植（苗高在20厘米以下），袋可小些，一般袋高15厘米，袋口直径5厘米，每平方米摆放400个营养袋。如果6月麦收后定植，可育大苗（苗高30~40厘米），袋高20厘米，袋口直径8~10厘米，每平方米摆放200~300个营养袋。先把袋底装上少量营养土，放进催好愈伤组织的插条，再继续放土至满。袋底要留孔洞（排水）。把装好枝条的袋子摆放在大棚的阳畦中，立即浇透水。

④苗期管理：最初装袋1周内，由于插条在电热苗床上的地温较高，相对小环境温湿度较好。一旦转入营养袋后会发现袋内土温较电热床土温低。在插条根系尚处于幼嫩的情况下，既需要保持温度，又需要保持湿度。温度的保持主要靠太阳光照射大棚。早晨拉开草帘升温后到10:00依据温度情况及时放回部分草帘。温度应控制在25~28℃，最高不得超过30℃。棚内空气相对湿度保持在75%~80%。为了促进幼苗健壮可每半月喷1次

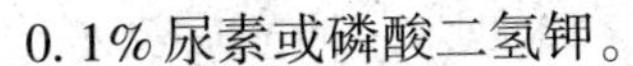

0.1%尿素或磷酸二氢钾。

⑤炼苗：进入3月下旬，当根系逐渐健全，苗高达20~30厘米时，要为移栽做炼苗准备。炼苗初期首先要逐渐控制灌水；其次是增加直射光照，揭膜放风。要先从大棚朝阳面放风，初期是白天揭开部分膜，随着时间的推移，其揭膜面积逐渐增大，揭膜时间逐渐增长，除白天揭膜外逐渐到夜间也将膜揭开，直到昼夜均不盖膜。

经过锻炼的苗可以完全适应露地气候环境，进入5~6月即可定植于大田。

（二）绿枝扦插育苗

绿枝扦插也叫嫩枝扦插，是在葡萄生长期内，利用剪下来的半木质化的嫩梢，在露地苗床进行扦插育苗的一种方法。绿枝扦插的好处是材料多，修剪下来的副梢都可以利用，且一年可进行多次，在山东平度以6~7月扦插成活率最高，因此稀有名贵品种可加速繁殖。缺点是管理费工，而且对管理的技术水平要求较高。

1. 苗床准备

选通风、排水良好的地方，挖宽1米左右，深30厘米左右的沟，沟底铺10~15厘米的混合土，即1份充分腐熟的有机肥，1份河沙，1份沙壤土，其上填入细砂10厘米，苗床上要设阴棚，可用短木棍或竹竿做成支撑架．架高30~40厘米，上面盖上70%孔径的遮阳网或芦苇帘，以减轻高温强光的影响。如扦插在木箱或塑料箱内，开始可放在背阴处，待成活后，逐渐移到阳光下。

2. 绿枝的选取与扦插

选取较粗壮、半本质化的新梢，剪成长20厘米左右，含2~3个芽的茎段，保留最上部1片叶的1/3，其余部分均剪去。剪完后基部蘸上100~200毫克/千克的萘乙酸，然后扦插。扦插深度为绿枝长度的2/3，株行距10厘米×10厘米，插完后浇水。扦插最好是在阴天或晴天的傍晚进行，以尽量减少水分蒸发。

3. 苗床管理

苗床管理的重点是遮阳和保湿。苗床适宜温度为23～25℃，空气相对湿度为70%～85%。扦插后1周内要遮阳，不能揭帘，晴天的早晚各喷1次水，阴天少喷或不喷。扦插后半月产生愈伤组织，3周后即可产生幼根，2～3周后可萌芽展叶。其他地上部分管理及病虫害防治与硬枝扦插相同。

二、嫁接育苗

嫁接繁殖苗木有绿枝嫁接和硬枝嫁接两种。嫁接苗的优点很多，随着葡萄规模化栽培的发展，嫁接育苗将成为葡萄栽培发展的趋势。

（一）绿枝嫁接

绿枝嫁接是葡萄独有的一种繁殖方法，操作容易，成活率高，是加速良种苗木繁殖的好方法。

1. 嫁接时期

当接穗和砧木当年生绿枝达到半木质化状态，即刀削后枝条木质部稍露白时即为嫁接最适时期。一般从5月上旬至7月上旬均可进行，如果嫁接期间温度低于20℃，则影响成活率。7月中旬以后嫁接，成活后抽生的枝条当年老熟不好，冬季容易受冻干枯。

2. 接穗的准备

接穗应选取新梢中上部充实的芽眼，夏季修剪中剪下的健壮副梢是良好的接穗材料。剪取的绿枝接穗，要随采随用。已采集的接穗摘去叶片后保留少许叶柄，包在湿毛巾内以保持接穗的新鲜，如果远途运输，可放入装有冰块的保温箱内存放运输。

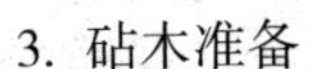

3. 砧木准备

砧木选用粗度与接穗大致相同的幼苗或强壮新梢，对于硬枝嫁接未成活的植株进行补接时，主要利用基部发出的健壮新梢或萌蘖。利用当年扦插苗做砧木时，为了促使砧苗粗壮，可在砧苗长出4～5片叶时进行摘心。

4. 嫁接方法

葡萄绿枝嫁接一般采用劈接法，方法是：先削接穗，接穗上留1～2芽，在接穗下部芽的下方0.5～0.8厘米处两面削出2.5～3厘米长的斜面，斜面要平滑，呈楔形，切面要一刀削成。接穗一边稍薄，另一边稍厚，这样有利于插入砧木后结合严密。然后在芽的上部留2～2.5厘米剪断。削后的接穗，可放入清水中或含在口中，然后将砧木留3～4片叶剪断，再用刀片在断面中央垂直向下纵切成长2.5～3厘米的切口，随之即将接穗缓慢插入切口。插入时对于切面薄厚不等的接穗，削面的厚面朝外，薄面朝里，这样穗砧结合紧密，同时要注意使砧木和接穗的形成层对齐，并略“露白”1～2毫米，以利于愈合。嫁接后用宽2～3厘米的薄塑料条从砧木接口的下面向上缠绕，一直缠到接穗的上刀口，塑料条的末端回绕到下面打个活结即可。为了防止接口处水分散失以及成活后嫩梢免遭日灼，可用砧木上靠近接口处生长的叶片遮阴。

5. 嫁接后管理

嫁接后立即灌一次透水，保持土壤水分充足。一周后检查成活状况，凡是接芽鲜绿或靠芽的叶柄一触即落的，说明已经嫁接成活。如接芽变褐、叶柄干枯不易脱落，则表示嫁接没有成活。成活后的植株，当新梢长到7～8片叶时进行摘心，促进新梢粗壮，同时要及时解除接口上绑扎的塑料条，防止影响枝条加粗生长。

（二）硬枝嫁接

利用成熟的一年生休眠枝条作接穗，1 年生枝条或多年生枝蔓作砧木进行嫁接为硬枝嫁接。用于繁殖新品种、稀有名贵品种苗木及改造劣质品种葡萄园。硬枝嫁接也多采用劈接法。可采用接后置 25 ~ 28℃温床上进行愈合处理，方法同插条催根，经 15 ~ 20 天即可愈合，部分砧木长出幼根，这时便可在露地扦插。也可采用将砧木从接近地面处剪截，用劈接法嫁接。如砧木较粗，可接两个接穗，关键使形成层对齐。接后用绳绑扎，砧木较粗，接穗夹得很紧的不用绑扎也可以。然后在接芽处插上枝条作标记，培土保湿。20 ~ 30 天即能成活，接芽从覆土中萌出，进行常规管理即可。

硬枝嫁接一般在休眠期进行。萌芽后进行的应注意避开伤流期。

三、压条育苗

葡萄枝条在不脱离葡萄母株营养供应的情况下，埋入土中，利用枝条上的芽生长和发育成苗木，以后再分株的方法称压条繁殖法。由于压条一直得到葡萄母株的营养供应，所以，幼苗生长迅速，生根快，成苗率高。本方法多用于葡萄园内补植缺株，改换架式，更新老蔓，繁殖苗木等。

（一）一年生成熟枝压条法

一般在春季新梢长到 20 厘米时，将一年生成熟枝条弯成弓形平压于 15 ~ 20 厘米土中，同时枝条进行刻伤促进发根，并用木杈固定。刚压入时填入 5 ~ 7 厘米厚的土，待新梢半木质化后逐渐培土，以利增加根数。每间隔 15 厘米留一新梢。在上一年冬季修剪时，要根据压条空间进行修剪，一年生成熟枝条尽量长留些。秋后将压下的枝条挖起，并分割成许多带根的苗木。

（二）多年生老蔓压条法

多用于更新和繁苗。压蔓时间，不埋土地区多在秋季进行，埋土地区多在春季进行。沟深20～25厘米，老蔓水平压于沟中，1～2年母枝放于沟外，再培土浇水沉实。待秋后把老蔓剪断原地更新或分株。

（三）以苗育苗法

对当年扦插苗也可进行压苗。当主梢长到50～60厘米时轻摘心，刺激副梢生长，主梢上部一般可长4～6条粗壮的副梢。当副梢长到20厘米左右时，将主梢压倒，并同时挖15～20厘米深的小沟，把主梢半埋于沟中，待副梢长到30厘米时再把主梢埋严，同时对副梢进行摘心培养。注意最晚压条时间不能晚于7月底，否则副梢苗不成熟。另外，在春季扦插时必须把压苗的空间留出，防止压苗过密出现小老苗。还要注意防治霜霉病，以免造成早期落叶，使压条苗不成熟。据试验，在扦插圃内应用此法，每株可分出3～5株合格苗，可增加3～5倍的苗木。

（四）新梢压条育苗法

在生长健壮的植株上，从过密的枝条中，选取生长良好，长1.5米左右的当年生新梢，在6月上旬进行放架促发副梢，放架后20天，主枝的每节上的副梢均能生长，每间隔15～20厘米留一个副梢进行培养。待副梢长到20厘米左右时，可挖15～20厘米的小沟，使主梢在沟内生长并半埋土，待副梢半木质化后再把主梢全部埋严，同时浇水。注意防止霜霉病发生，可提前喷波尔多液保护叶片，并控制副梢高度，一般当年控制在40～50厘米即可。待秋季落叶后挖起压下的枝条，并分割成若干带根的苗木。

第二节　苗木出土与苗木标准

一、苗木出土时间

秋季叶片脱落后即可开始出圃，气候温暖的地区秋季起苗后可立即进行秋栽，这样不但利于根系恢复，而且也可以使苗圃在起苗后补种绿肥或种植其他作物以恢复地力。但在冬季较为寒冷的地区，秋季落叶起苗后，不宜立即栽植，而要将苗木假植于地窖或假植沟中，以备第二年春季进行栽植。

二、起苗与假植

起苗前要在苗圃中进行认真的品种核对和标记，严防起苗中发生品种混乱与混杂。如果苗圃土壤干燥，可事先灌一次小水，这样不但挖苗容易，而且不易损伤根系。挖苗时尽量远离根茎部分，一般先在行间挖掘，然后再在植株间分离，以保证侧根长度在 15 厘米以上。

挖苗时要尽量多地保留侧根与须根。挖苗后立即将伤根、断根剪去，然后按品种每 50 株捆成一小捆，并在捆外挂上品种标签。要运输的苗木可用草袋、麻袋进行包装，对运输较远的苗木，在袋内填入适量的保湿物或用塑料袋包装，防止运输过程中失水干枯。对暂不外运的苗木要立即进行窖藏或假植。

假植沟应在背风向阳、土层深厚、不积水的地方挖掘，一般深 80 ~ 100 厘米，宽 80 厘米，长度按需要假植苗木的数量而定。先在沟底填入一层湿沙或细土，然后将捆好的苗木根系向下，按品种整齐排在沟内，并在根系部分填上厚 15 ~ 20 厘米的细沙或细土，对苗木上部枝条应适当掩埋，防止冬季冻梢或风干。为了防止假植中造成品种混杂，除每捆苗上应挂上品种标签外，还应

对假植沟内各种品种苗木假植情况作详细的记载，起苗时应再次核对。

三、苗木分级与检疫

按国家规定的苗木标准对苗木进行分级和检疫是苗木出圃前的一个重要环节，只有合乎规定标准的苗木才能用于栽植（表）。

表1　葡萄苗木质量标准

项目			一级	二级
扦插苗	根系	侧根数	8条以上	6条以上
		侧根长度	20厘米以上	15厘米以上
		侧根粗度	0.4厘米以上	0.2厘米以上
		侧根分布	分布均匀，须根多	分布均匀有须根
	蔓	基部粗度	0.8厘米以上	0.6厘米以上
		饱满芽	7～8个	5～6个
嫁接苗	砧木高度		15～20厘米	15～20厘米
	接口愈合程度		完全愈合	完全愈合
	根、蔓		与扦插苗相同	与扦插苗相同
机械损伤			无	无
检疫性病虫			无	无

注：①绿枝扦插苗木标准可略低于一般苗木标准，但必须是枝条健壮，根系完整，无病虫为害；

②营养袋苗木出圃时应有3～5个平展叶片，而且心叶健壮；

③出圃苗木品种必须纯正；

④定植前要用3～5度石硫合剂或1%硫酸铜对苗木消毒

第五章　气候、土质条件与葡萄生长发育的关系

第一节　温　　度

葡萄属的栽培种起源于温带、亚热带，为喜温性作物。其在萌芽、开花、结果各生长阶段，对温度（即热量）有不同的要求。当气温上升到10℃时，芽眼开始萌动，根系开始活动的温度是7～10℃，新梢生长和花芽分化需要25～30℃，低于10～12℃新梢不能正常生长，低于15℃将影响葡萄的正常开花。成熟期间的温度对葡萄品质影响极大，当温度高于20℃时果实迅速成熟，果实成熟最适宜温度为28～32℃，低于14～16℃时果实不能正常成熟。

葡萄生物物候期和年生长期所需热量，还常以积温（也称有效积温）来表示。一般把葡萄发芽起点温度≥10℃日平均温度作为有效温度，有效积温是指日平均温度等于及大于10℃的累计总和。如：某葡萄品种所需的积温是由萌芽到浆果成熟这段时间的日平均气温≥10℃的累计总和。了解不同品种的有效积温对选择品种时预测某品种在某地能否充分成熟有重要意义。是葡萄气候区划的最适热量指标（一级指标），适栽区域所需要的热量最低限为：鲜食品种2 500℃・天以上，酿酒品种为2 800℃・天以上，一般早熟品种需2 500～2 900℃・天有效积温，中熟品种需2 900～3 300℃・天有效积温，晚熟品种3 300～3 700℃・天有

效积温，极晚熟品种需3 700℃·天以上有效积温。生长期7~9月水热系数（K值）是葡萄气候区划适宜的二级指标，选择具体葡萄品种时，则宜参考采收前2个月或1个月的K值，即水热系数（K），其计算式为$K=\sum P/(\sum Ta\times 0.1)$，$\sum P$为≥10℃的时期中的降水量之和，$\sum Ta$为同时期中≥10℃的有效积温。葡萄采收前2个月或1个月的水热系数$K<1.5$时，可以生产最优酒；在$K=1.5\sim2.0$时，可生产优良或中等品质酒，而$K=2.0\sim2.5$时，只可生产一般的葡萄酒。

昼夜温差对葡萄品质有很大影响。温差大，白天温度高，光合产物多，夜间温度低，呼吸作用弱，营养消耗少，光合产物积累相对增多，浆果含糖量高，品质好。因此，昼夜温差大的地区对提高葡萄品质和成熟极为有利。

葡萄不耐低温，其不同组织或器官对低温的抵抗能力不同。刚萌动的芽在－3℃，嫩梢幼叶在－1℃，花序在0℃时均易受冻。葡萄植株进入自然休眠后比在生长期抗寒。葡萄的枝蔓比芽眼较抗寒。葡萄地上部的抗寒能力是随着秋末冬初的锻炼而逐步加强的，如成熟度很高的枝蔓，秋天若温度骤然下降，在零下几度就可能遭受冻害。在冬季休眠期间，欧洲种枝蔓在低于－16℃时就可发生冻害，美洲种及欧美杂交种较抗寒，而东北山葡萄能抗－40℃的低温。充分成熟的枝蔓及多年生枝蔓抗寒力分别较成熟度差的枝蔓及低年生枝蔓抗寒力强。欧洲种葡萄根系抗低温能力差，在－7~－5℃时即能受冻，而东北山葡萄和某些美洲种葡萄的根能经受－12~－9℃的低温。

第二节　光　照

葡萄是喜光植物，对光照要求较高。在光照充足的条件下，叶片厚而色浓，植株生长健壮充实，花芽分化良好，产量高，果实着色好，含糖量高，品质风味好。在光照不足的条件下，叶片薄而发黄，新梢细长，组织不充实，花芽分化不良，果实着色差，含糖量低，产量也显著降低。

海拔较高的山地紫外线较强，从很深的河、湖反射过来的光，其中蓝紫光较多，这两种光线都能促进花芽分化，增进果实色泽与品质。山地阳坡较阴坡、开阔的山地较狭窄的山谷阳光充足，因此，山地阳坡及开阔的山地果实品质好。光照条件还受栽培技术的影响，如棚架架面过大过低，立架架面高，行距过小；架面留条过密或园内间作高秆作物等都造成架面荫蔽，光照不良。

不同种和品种的喜光性有差异。一般欧亚种品种、美洲种品种要求光照条件较高。喜光性较弱的是河岸葡萄中的依查、贝拉等品种。对要求直射光着色的品种如玫瑰香等应特别注意控制留条密度，采用棚架栽培且架面也不要过大。对易发生夏季日灼的品种采用小棚架栽植较立架栽植要好。

第三节　湿　　度

葡萄要求大气干旱些，而土壤能保持适宜的湿度，特别是葡萄成熟季节更是如此。空气相对湿度以70%～80%为宜，如空气湿度过大，整个生长季节真菌病害发生较重。就各地的降水量而论，以年降水量500～700毫米为适宜，生长季节的土壤持水量以40%～60%为好。但由于全年降水量分布不均，在干旱又需水的季节必须进行灌溉，特别是每年生长结果的前期和中期，如果土壤水分长期不足，就会影响光合产物的形成和果实的正常发育，果粒小、产量低；而在涝雨季节须及时排出积水，特别在葡萄成熟采收前，多雨会降低葡萄品质和贮藏性。

葡萄生长后期（9月、10月）多雨，新梢结束生长晚，有

机物积累少，果实品质降低，新梢成熟不良，葡萄越冬困难；另外，因秋冬干旱，极度削弱葡萄植株的生长势，使葡萄无力做好越冬准备，容易受冻害或因风干而引起死亡。

第四节　土　　质

葡萄对土壤的适应性强，从黏土到沙土，从酸性到碱性，只要含盐量不超过0.2%，pH值在8.5以下的几乎所有土地都能适应。但山地优于平地，沙土优于黏土。如平川地的土壤，土层厚，有机质丰富，土壤肥沃，葡萄长势强，粒大穗大，产量高，但浆果品质较差；而黄土丘陵区，土层深厚，保水、保肥力强，可以进行旱作并能获得优质高产；砂石山上部的沙砾土（土层薄，土壤含沙量大，小石砾多）与海滩、河滩的沙土地，其共同特点是保水、保肥力差，但导热性强，透气性好，可以生产优质葡萄。山根沙砾土可进行旱栽，能在需水季节适当地进行灌溉更好，而河滩、海滩的沙地葡萄必须进行灌溉，否则，就不能满足植株正常生长发育对水分的需要。以上这两种土壤都缺乏有机质，应多施有机肥进行土壤改良。

第五节　地　　势

使葡萄丰产、优质的外界因素，除了气候、土质条件外，地势也是重要因素。国内外一些著名葡萄园多分布在山地山坡上。一些可以灌溉的丘陵地和沙石山地比平原地的葡萄丰产优质；不能灌溉，但水土保持较好的丘陵地和沙石山地的葡萄也能获得较高的产量，特别是浆果品质方面，更要大大超过平地葡萄园。

我国几个主要丘陵山地葡萄产区，年平均气温9～11℃，海拔高度多在400～1 000米。如山东大泽山葡萄多集中在海拔500

米左右地带，河北涿鹿在600米左右，山西清徐在800米左右。

地势高，云层稀薄，紫外线充足，有利于浆果着色和提高品质。坡向不同，光照、温度、湿度及受风情况都不相同。南坡、东南坡，光照时数多，气温高。阳面地栽植葡萄，果实成熟早，着色好，含糖量高，病害少，耐贮藏。但也有不利的一面，夏季气温高易灼伤。在生产中应注意选择阳面坡栽培品质好的鲜食、制干和酿甜酒类型的品种。我国偏南坡地的葡萄区，由于年平均气温较高，也可利用北面坡种植酿造干酒用的品种。

第六章 建 园

第一节 园地选择

一、土壤

葡萄生长发育最适宜的土壤有沙壤土和砾质壤土。种植在海滩、河滩、山地和盐碱地也可获得良好的收成。在不同的土壤条件下，葡萄的生长、成熟、产量、品质有较大的差距。沙地葡萄较其他土壤种植的葡萄提早成熟 5 ~ 10 天，果色好，风味甜；生长在含过量腐殖质土壤的葡萄，枝蔓生长过旺，浆果品质较差，味淡，无香味；在发育不完全的石灰岩或心土含有碳酸盐的土壤条件下，可得到最好的香槟酒原料。因此，要根据建园的目的，品种和其他要求，对土壤进行慎重选用。

二、地形

（一）山地

山地种植葡萄阳光充足，空气清新，昼夜温差相对较大，随着海拔的升高紫外线光波增加，生产的葡萄质量越高，但往往由于山地土层瘠薄，地下水位较低，易干旱，葡萄的根系分布线，土壤易冲刷等因素，植株生长偏弱，产量较低。因此，搞好以深翻施肥改土为重点的土壤管理，实行山、水、田、林、路综合治理，是促进葡萄生长，提高产量与质量关键措施，要以流域为单元，地块为基础，坡度超过10°以上的，重点抓好加固地堰，整修梯田，蓄水保土，深翻整平，使较薄的山坡地土壤活土层加厚到40～50厘米，将葡萄栽植到土层较厚的梯田外侧为好，创造适合葡萄生长的良好环境。

（二）平地

坡度在5°以下的称为平地。平地的土层，水分等条件较山地要好，种植葡萄树体大，寿命长，产量高，适宜机械化作业，交通运输也方便，但光照、通风、排水等不如山地，葡萄果实的色、香、味和耐贮运性均差。在平地因坡度和地形的差异可分为缓坡地、低洼地、河滩地。以缓坡地建葡萄园最好，由于它排水良好，空气畅通，病虫为害相对轻，葡萄浆果的质量也相对好，低洼地则相反。沙滩地昼夜温差大，土壤较瘠薄，保水保肥力差，改良土壤的重点应增加有机肥料的投入，提高土壤的有机质含量和保肥保水能力。

（三）丘陵

丘陵介于山地与平地两者之间，地势起伏较大，土层深浅和地下水的分布有较大的差别。因此，在建立葡萄园时，应特别注意选择适宜的坡向、坡度、架式种植葡萄。葡萄喜光，坡向以南坡为好，东南坡和西南坡次之。不管是山地、丘陵还是平地建园，都要根据晚霜的发生为害情况，注意避开易遭晚霜为害的河滩、沟底等地势低洼的区域建园或注意选择结果部位较高的棚架栽培，以减轻霜冻为害。

第二节　葡萄园的设计

一、栽植区的规划

栽植区的大小，应根据葡萄园具体条件而定。在平地建园，机械化程度高，一般以 100 ~ 150 亩为一区，以长方形为好，行长 50 ~ 70 米，行间作业道 2 米，以利于施肥、喷药、采收及田间管理。风沙大的沙滩地，面积不宜过大，一般 30 亩为一区，并建立完整的防风林带。在山坡或丘陵地带建园，要注意水土保持，依地形、地势划分不同面积的栽植区，可依自然的沟壑或梯田划分种植区。在低洼、盐碱地种植，应注意改良土壤和建设良好的排灌系统后建园。

二、道路和渠道的设计

葡萄园的道路规划，既要有利于交通运输、田间管理，又要充分利用土地，道路宽窄与多少应根据葡萄园面积的大小而定，由干道、支道、步道和环园道组成。全园道路所占的面积，一般不应超过总面积的 5%。

（1）干道　为整个园区的交通要道。在种植葡萄园内是各个生产区的纽带，对葡萄园外是与外界相接的通道。宽度一般 6 ~ 7 米，一般干道应在种植区中间，如缓坡、丘陵地面积小，也可设计在园区的上下方位。

（2）支道　按地形或园区面积设计，作为园区划片的界线，是园内运输作业的主要道路，要求与主道相接，路宽以拖拉机能单独行驶即可，一般 3 ~ 4 米。

（3）步道　为园区划地块的界线，是从支道向地块的通道，一般与种植葡萄行间垂直成一定的角度，供出入田间作业，宽度以利于人员来往为宜，一般 2 米左右。

（4）环园道　设计在园区的四周边缘，为园与田的分界道。环园道可与干道、支道、步道相结合，宽度要求不相一致，应根据情况而定。

有浇水条件的要合理规划渠道设置，能进行喷灌和滴灌的，应合理规划地段和管道的埋设。无论山地、平地、旱地和水浇地，都要修建排水系统，使多雨季节能顺利排水，避免园内积涝和冲刷。

三、作业场和防风林的设置

在大区的中心地带，应考虑修建仓库、工作室、饲养场等，各小区也应选择较宽敞的地方作为分级、包装场地。

风沙大的地方，必须营造防风林，以防风沙为害。

四、品种选择

葡萄品种资源丰富，培育和引进适合栽植的品种较多，栽植品种要根据当地自然条件和市场需求，因地制宜确定，酿造加工品种和生食品种不要混栽在同一个小区内，发展酿造品种应与加工企业挂钩，实行定向生产。

（1）选择粒大、着色齐、品质好、丰产、抗病、耐贮运的鲜食品种　目前，国内外市场畅销和在生产中表现较好的品种有早熟品种：乍娜、京秀、矢富罗莎、维多利亚、奥古斯特、红旗特早玫瑰、红双味、紫珍香等；中熟品种：玫瑰香、巨峰、葡萄园皇后、克林巴马克、巨玫瑰、滕稔等；晚熟品种红地球、意大利、红意大利、泽香、泽玉、高妻等。

（2）选择大粒、丰产、品质好、抗病、风味香甜的无核品种　如早熟无核品种：桑姆森无核、夏黑无核、8611、优无核、金星无核、红光无核等；中熟无核品种：无核白、莫利莎无核、奇妙无核、森田尼无核；晚熟品种如克瑞森无核、红宝石无核、皇家秋天等。

（3）选择丰产、优质的抗寒品种　目前，栽培的欧亚葡萄种群普遍抗寒性差。当温度降到－17℃时，就不同程度地遭受冻害，因此，选择丰产、优质、抗寒品种成为北方葡萄产区要解决的主要问题。

(4) 选择抗病、优质、丰产的品种 真菌病害是葡萄管理的重要问题。因此，应选择抗病的品种，如巨峰、红意大利、金星无核、金手指等。

(5) 选择加工品种 要考虑用途，如酿酒、制汁或制罐头等，还要考虑当地的气候条件，选择品种应将当地生态条件与品种特性密切结合。

第三节 栽 植

一、整地与挖定植沟（穴）

(一) 整地

葡萄定植前深翻土地40厘米左右，清除其他杂物，按栽植区整平地面，以改良土壤的理化性能，创造有利于微生物活动和根系生长的良好条件，以确保栽植的成活率和植株生长健壮，早结果，增强抵抗不良环境条件的能力。

(二) 挖定植沟（穴）

依行向挖深、宽各60～80厘米的定植沟，沟底施入30厘米的秸秆、杂草等有机物后填入表土，然后每亩施入充分腐熟的有机肥2 000～3 000千克（猪、鸡、羊粪等）和适量的磷、钾肥与土混拌均匀填入定植沟内，再填入底土与地面平，浇透水，次年春（4月上中旬）按株距定植。如株、行距较大，劳力少可挖定植穴，穴深60～80厘米，长、宽各80厘米，具体操作方法与栽植沟相同。

二、栽植密度

葡萄的栽培密度应根据产地条件，整形种类、架式和品种特性而定，如生长势旺的品种株行距要大于生长势弱的品种，棚架的株行距大于篱架的，土层深厚的要大于山岭薄地。一般棚架行距3～7米，株距1.5～3米，每亩栽32～148株。篱架行距1.7～2.5米，株距1.2～2米，每亩栽133～392株。高、宽、垂形架包括“T”形架和“Y”形架，一般行距2～3.5米，株距1.5～3米，亩栽64～222株。下面就不同架势在山地和平地栽培密度列表（表2）以供参考。

表2　山地和平地不同架式葡萄栽植株行距

架式		行距（m）		株距（m）		每亩栽植株数（株）	
		山地	平地	山地	平地	山地	平地
棚架	大棚架	5～6	6～7	2～2.5	2.5～3	44～67	32～44
	小棚架	3～4	4～5	1.5～2	2.5～2	83～148	53～83
篱架	单篱架	1.7～2	2～2.2	1～1.5	1.2～1.6	222～392	190～278
	双篱架	2～2.2	2.2～2.5	1.2～1.8	1.5～2	168～278	133～202
高宽垂架	T形架	2～3	3～3.5	1.5～2	2～3	111～222	64～111
	3层5线Y形架	2.5～3	3～3.5	1.5～2	2～2.5	111～178	76～111

三、定植时期与方法

（一）定植时间

西北、华北和黄河故道地区，利用葡萄苗木春栽、秋栽均可，但在有水浇条件的地方宜于春栽。可在土温达到7～10℃时进行，最迟不能晚于一般植株萌芽时，大面积栽植可适当提早。无灌溉条件的干旱地区，秋天土壤墒情好，秋栽成活率高。地温低及盐碱地区，要春栽，并且要尽量栽的晚些，因为地温高，葡萄生根快，成活率高。利用插条催根苗或营养袋苗，宜在晚春和初夏定植。

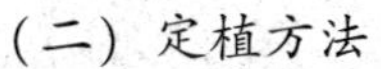

（二）定植方法

1. 苗木栽植

栽植前将苗木分级用清水浸泡 1 天左右，之后用 3 ~ 5 波美度的石硫合剂药液喷布苗木根、干消毒。定植时根部蘸泥浆水（1 份黏土加 1 份鲜牛粪加适量水调成浆状），以利苗木成活。在挖好的定植沟（穴）内挖 1 个 30 立方厘米的栽植坑，将苗放入坑的中心位置，栽植深度以苗木在原来苗床时的深度为宜。注意：单芽苗适当深栽，以增加根量，提高抗旱、抗寒能力；嫁接苗接口要略高于地面，以免接穗生根，减弱砧木的作用。栽植时根系要自然伸展，分布均匀，用熟土填埋，当填土 1/2 时轻轻提苗，抖动，使根系与土壤密切接触，再用熟土填平踩实，浇透水，水渗后整平地面，用地膜覆盖，起到保墒、增温和提高成活率的作用。

2. 插条催根栽植

在苗木缺乏的情况下，可用插条催根栽植。用回龙火炕或电热床催根，待幼苗长出，停止加温。经过低温炼苗，待到大田 10 厘米地温达 13℃时栽植。栽植要使根保持湿润，勿伤折幼嫩的根系。因此要随起苗随搬运，随栽植随浇水，栽后喷除草剂并用地膜覆盖。为保全苗，可加密栽植。有缺株的，夏天雨后带土移栽，保证当年苗全、苗壮。

（三）定植后管理

1. 浇水追肥除草

生长季节，可根据干旱情况浇水 2 ~ 3 次。6 月下旬到 7 月上中旬，每株可施尿素 20 克，7 月下旬每株施尿素 50 克，进入 8 月，可酌施磷、钾肥 20 克，追肥浇水相结合。生长季节及时中耕除草。

2. 防治病虫

芽萌发后，要防治金龟子、象鼻虫等啃食嫩芽和幼叶，可人工巡回捕捉。7~9月喷3次200~240倍半量式波尔多液，防治黑痘病，霜霉病，白腐病等病害，保好叶片。

3. 及时摘心，利用副梢整形

栽植的葡萄幼苗，长到一定高度摘心，有利于主梢加粗生长，并促发副梢，提早1年成形，翌年即可结果。

4. 及时支架、绑缚

葡萄为蔓生植物，任其匍匐生长易感病，且芽瘦枝弱。支架的材料，可用石柱、水泥柱、竹竿、木杆和铁丝等。当苗高达30~40厘米时，将蔓绑于铁丝上，使其顺利地直立生长。

5. 冬季修剪和埋土防寒

落叶后，根据整形的要求，进行修剪。将剪留的枝蔓，顺行向轻轻地弯向地面，从行间取土培土垄埋蔓，培土15厘米以上。翌年3月下旬，萌芽前除土上架。

第四节 支 架

葡萄属多年生的藤本植物，不能单靠修剪完成树形，必须设立支架，不同的架式可以形成多种树形，因此，应根据立地条件、栽培密度、品种生物学特性、埋土防寒等选用适宜的支架。

一、架式

(一) 篱架（立架）

栽培中普遍采用的架式。由于架面与地面呈垂直形，故称立架。这种架式通风透光好，管理方便，适宜于密植和机械化作业。行内每隔6~8米立一支柱，行距1.7~2.5米、株距1.2~2米，架高1.5~2米。行的两头设坠石或撑柱加固。支柱上拉铁丝，第一道铁丝距地面40~50厘米，以后每隔30~40厘米拉一道铁丝，行距大的可在一行葡萄上设2个架面，即双篱架。

(二) 棚架

按架面大小，分为大棚架（5 米以上）、小棚架（5 米以内）两种架面形式，按架面与地面所呈角度分为水平架和倾斜棚架。

1. 倾斜棚架

山东平度大泽山等山地葡萄园多采用这种架式。一般架面 5~8 米，架的后部（近植株处）高 60~90 厘米，前部高 1.5~2 米，在山地可顺坡向上架设支柱，一般每隔 2.0~3.0 米立一根支柱，上设横梁，架面隔 50 厘米拉一道铁丝。它适于生长势特别旺盛的品种。采用此种架面土地利用率可达 70%~90%。

2. 水平式棚架

适于庭院、水渠、大道两侧。架面高 1.8 米以上，柱间距 4 米左右，用同等高度的支柱搭成一个水平架面，每隔 50 厘米左右拉铁丝成方格。

3. 小棚架

采用斜式或水平式设架面 3~5 米，有利于枝蔓及早布满架面，便于防寒埋土、树体更新。山东平度市大泽山地区普遍采用这种架式。

(三) 高、宽、垂形架

1. “T” 形架

行距 2~3.5 米，株距 1.5~3 米，主干高 1.5 米左右，南北行向栽植。立柱高出地面 1.8 米，在立柱顶端绑上一根长 0.60~0.80 米的横担，以立柱为中心，两端等长，然后在横担的两端分别拉一根 12 号铁丝，并固定在木棍上。在横担下 20~30 厘米和 50~60 厘米处的立柱上各拉一道铁丝。整个架面共有三层 4 道铁丝构成 “T” 形架。

2. “Y” 形架

行距 2.5~3.5 米，株距 1.5~2.5 米，主干高 0.8~1.2 米，南北行栽植。支柱高出地面 1.7~2 米，支柱顶端架一根 1.5~

1.8 米的长横担。在长横担与第一道铁丝中间再架一根 0.8 ~ 1 米长的短横担，两个横担的两端各拉 1 道铁丝。整个架面共有 3 层 5 道铁丝构成“Y”形架。

二、架材的种类及用量

葡萄的支柱，一般可分为水泥柱、石柱、木柱和活木桩等。

（一）水泥柱

首先根据柱形长短制成木匣式模具，用 6 ~ 8 毫米的钢筋做骨架，放入木匣内，将水泥 1 份、粗砂 2 份、直径 2 ~ 4 厘米的石子 4 份填满，振荡均匀后，置于平地的地面上晾干备用。一般每 100 千克水泥可制作 8 ~ 10 根高 2.5 米、厚和宽各为 12 ~ 15 厘米的水泥柱。每根水泥柱用钢筋 2 ~ 3 千克。

（二）石柱

目前，有些山区葡萄园，就地取材采用石柱，石柱高 2.0 ~ 2.5 米，厚和宽为 8 ~ 10 厘米。

（三）木柱

选长 2.0 ~ 2.5 米，直径 10 厘米左右的硬质木材，如刺槐、桑、松、杉、栎做木柱。使用时应先干燥，并在下端蘸热沥青或用 2% ~ 6% 硫酸铜浸泡 7 ~ 20 天。杉干经沥青处理后可用 8 ~ 10 年。为解决木材的缺乏，在建园的同时结合营造防风林建立永久性木桩林。栽植时可适当密植，3 ~ 5 年间伐一次，一亩地可供 10 ~ 20 亩地的木桩，是自力更生解决木桩的好办法。

（四）各种主要架材的用量

葡萄架材用量，因架式、行距、架高、柱距不同有差异，一般可按下式计算。

首先，先求出单位面积的行数：

$$行数 = 面积/行距 \times 行长$$

再求单位面积所需的支柱数：

支柱数 =（面积/行距 × 柱距）+ 行数

例如：行距 2 米、行长 80 米、柱距 7 米，每亩所需支柱数目为：667/2 × 80 = 4.2（行）

667/（2 × 7）+ 4.2 = 47.6 + 4.2 ≈ 52

因此，每亩需用支柱数 52 根。

铁丝用量：铁丝总长度 = 行长 × 每行拉铁丝道数 × 行数

例如：行长 80 米，行距 2 米，架高 1.7 米，拉四道铁丝，每亩需用铁丝数为：

80 × 4 × 4.2 = 1 344（米）

（12 号铁丝每 20 米重 1 千克，每亩约需 67 千克）

此外还需要 8 号铁丝（用来拉坠线或横线）每亩 2 千克左右，顶柱、坠石等物可按行数的多少来计算。

第五节　快速建园　早期丰产

新栽葡萄推广"一年壮苗、二年结果、三年丰产"的一、二、三早期丰产的建园技术。即运用壮苗建园，合作密植，适时抹芽、定梢、摘心，上架扶枝，加强综合管理，培养健壮树体。

一、选好品种

建园前认真研究论证，选择适宜当地栽培的优良品种。

第一，根据品种的生长结果习性，对当地的气象资料进行详细的调查研究，如年活动积温、极端温度、日照时数，无霜期，降水量等，确定主栽品种。

第二，葡萄属喜光植物。尽可能地选择在光照充足，坡向朝南的区域建园，避免盲目发展和劳民伤财。

第三，选择品种时要兼顾自然环境和经济效益，特别是葡萄成熟季节，如果降水过多，容易造成葡萄病害严重，糖度降低，品质下降，因此，建园前对栽培品种进行考察研究，尽可能地选择避开高温多雨季节成熟的品种；同时，无霜期短的地区，要选择生长周期较短的品种，以达到所需要的成熟期，获得较高的经济效益。

二、改良土壤，增施底肥

葡萄定植前要进行深翻改土，施足底肥，根据土壤的不同类型，如瘠薄的土地结合深翻引进客土，轻壤土，河滩地、盐碱地可通过深翻熟化，施足有机肥等措施进行改良，以确保葡萄栽植后苗全、苗壮，提高土地前期利用率，而获得早期产量。

三、扦插（或营养杯绿苗）定植

扦插（或营养杯绿苗）定植对葡萄早期树体的生长发育有较大的影响，因扦插（或营养杯绿苗）定植不经移栽，能保持强大的根系，有利于养分、水分的吸收，促进幼苗生长。而常规育苗次年移栽定植时，因剪去大量的根系和枝条，缩小了植株的体积，破坏了树体平衡，影响养分积累和花芽分化，故推迟进入结果的年限，因此，利用扦插（或营养杯绿苗）定植应掌握以下两点：

（一）选好插条，保好墒情

选择组织充实，芽眼饱满，无病虫，并具本品种的特点的插条。插条扦插前泡透水，整畦覆盖黑地膜，然后按株距扦插，每穴插 2～3 条，顶芽稍高于地面，插完浇透水。也可用塑料薄膜小弓棚、温室、阳畦等提早培养具有 5 片叶以上的营养杯绿苗定植。

（二）及时摘心，架设支架

当苗高长到 30 厘米左右时，及时摘心，除副梢，同时设立支架，架材可用竹竿、木棍等，只要能支撑葡萄植株向上生长到

1 米以上即可，应及时进行绑蔓和去副梢，并适时追肥、浇水、喷药，确保苗木粗壮，为翌年开始结果打好基础。

四、合理密植

依据产地条件和品种特性，在确定永久性行距的前提下，株间加密栽植，也可栽大小行，以达到早期丰产的目的。

（1）株间加密栽植　建园时株距可适当加密栽植，一般每亩 300～400 株，到植株生长过密时（一般 4 年后）即进行有计划地间栽，达到合理的株数，每亩 100～200 株为宜。

（2）大、小行栽植　大行为永久性，小行作为临时行。一般从第二年开始以培养大行树体为主，小行则采用环剥，多次摘心，喷生长抑制剂等措施促进结果，当植株生长密闭时间伐小行。

五、快速整形

采用扦插或营养杯绿苗建园，可采用早摘心促发副梢的办法，翌年完成整形工作，即当苗高 30～50 厘米（壮苗 50 厘米，弱苗 30 厘米）时摘心，基部保留 1～2 个粗壮的副梢留作主蔓。栽植当年冬剪时每株留 1～3 个主蔓作结果母枝，翌年可获得一定的产量。

第七章　植株地上部管理

第一节　整形与修剪

整形修剪是葡萄综合管理的一项重要栽培技术，通过整形修剪，培养合理的树体结构，使枝叶及果穗在架面上合理分布。调节生长与发育、开花与结果、衰老与复壮等关系，从而达到早期丰产和连年稳产优质，高效、低耗和健壮长寿的目的。

一、整形修剪的有关知识

(一) 整形修剪的名词解释

(1) 主干　自地下根干上长出的独根枝蔓。

(2) 主蔓（主枝）　自主干上发出的大骨干枝。

(3) 侧蔓　自主蔓上发出的各级枝蔓。

(4) 延长蔓　主、侧蔓延长的1年生蔓称为延长蔓。

(5) 臂　呈水平方向生长的主蔓。

(6) 结果母蔓　一年生的成熟蔓，次年能抽生结果枝的蔓。

(7) 新梢　带有叶片的绿色新枝。

(8) 副梢　新梢夏芽萌发的枝梢。

(9) 结果枝　带有花序或果穗的新梢或副梢。

(10) 发育枝　不带花序或果穗的新梢或副梢。

(11) 结果系数　某品种每个新梢平均结果穗数。

（二）与整形修剪有关的特性

（1）顶端优势性　一个枝蔓的顶端芽萌发的枝梢生长势最强，依次向下逐渐减弱的现象称为顶端优势性。

（2）直立优势性　直立的枝蔓生长强旺，随着角度的开张，生长势逐渐减弱，这种现象称为直立优势性。

（3）芽的异质性　同一枝蔓上不同部位的芽眼，在其生长发育期间，由于所处的部位，外界环境条件以及枝条内部营养状况的差异，造成芽的生长势及其他特性的差别称为芽的异质性。

（4）芽的早熟性　在当年形成的新梢上，能连续形成二次梢或三次梢，这种特性称为芽的早熟性。

了解以上特性，可作为整形修剪的依据，灵活运用。如希望处于下部或后部某个枝蔓长势转强，就要在这个枝蔓着生点的上部进行回缩修剪，使这个枝蔓处于顶端。直立强旺的枝蔓往往花序分化不良，可采用水平绑缚削弱其长势。根据中下部芽质优于基部和先端芽的特性，再根据各品种的结果习性，可适当剪留结果母蔓的长度。利用芽的早熟性，可进行快速整形。

二、整形

（一）葡萄的整形常见问题

（1）主干的有无与高低　一般北方埋土防寒地区采用无主干，枝蔓呈一定角度倾斜引缚，以利于埋土防寒和充分利用地表辐射热来增加积温。非埋土防寒区可留主干，其高度则依当地温、湿、风、霜等情况而定，在温度较高、湿度大、风小、霜多处，主干宜高，约在1.5米以上，这样可减轻病情、霜害和辐射烧灼等不良影响，反之则可适当降低其高度。

（2）架式的选择　水分充足，土壤肥沃，树势生长旺的品种多采用大株形的棚架，单株营养面积大，每亩栽几十株至百株，反之则应适当密植，立架整形。

（3）更新复壮　葡萄最佳经济效益的树龄，一般为 20～30 年，有的树龄达百余年仍可丰产，短者十几年。树龄的长短与品种特性有很大关系，如欧亚种的东方品种群，通常进入结实期较晚，寿命较长，老蔓更新年龄以 15 年为好，而西欧和黑海沿岸品种群则进入结实期较早，寿命较短，老蔓更新年龄多在 10 年以内。

根据上述 3 方面，来确定整形时主干有无与高低、架式、营养面积的大小以及更新复壮的年限等。

（二）葡萄常用树形及整形技术

1. 立架整形（亦称篱架、篱壁架）

立架整形是当前生产中常用的一种，生产中采用单臂立架和双臂立架两种形式。它适于精细管理和机械化，具植株受光良好，地面受热量大，通风透光好等优点。一般分为扇形整形（包括小扇形、中扇形、大扇形、多主蔓扇形）和水平整形（包括双臂单层和双臂双层、单臂单层和单臂双层等）。

（1）扇形整枝　北方葡萄栽植普遍采用，能较合理地利用架面，容易更新，产量较高。若管理不善，盛果期往往结果部位上升、外移，有效结果枝减少。因所留主蔓的多少分为小扇形（2 个主蔓）、中扇形（3～4 个主蔓）、大扇形（5～6 个主蔓），一般决定主蔓的多少往往因品种、土壤、肥水条件以及栽植密度等而不同。

①小扇形：适用于生长势弱、土壤瘠薄的条件应用。具体整形方法如下：第一年：即定植当年，苗高 40～50 厘米时摘心，并将基部一个生长发育良好的副梢培养为另一主蔓（干），如果一个定植穴内栽两株葡萄苗时，则可不留副梢只摘心以增加枝蔓粗度，冬剪时枝蔓粗壮充实者可留长 50～60 厘米，反之，则留 20～40 厘米。第二年：春季发芽后，每个枝蔓留 2～3 个粗壮、部位合适的新梢，其余全部疏除。无论有无花序均应在新梢

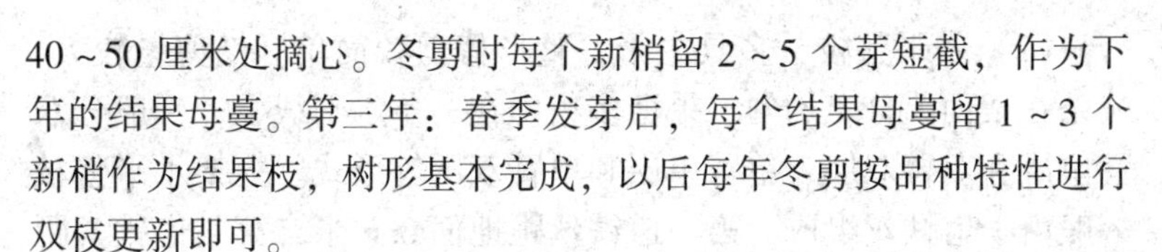

40～50 厘米处摘心。冬剪时每个新梢留 2～5 个芽短截，作为下年的结果母蔓。第三年：春季发芽后，每个结果母蔓留 1～3 个新梢作为结果枝，树形基本完成，以后每年冬剪按品种特性进行双枝更新即可。

②中扇形：适宜于生长势较强、土壤肥力适中与肥水供用较好的条件下应用。具体整形方法如下：第一年：即定植当年，苗高 40～60 厘米时摘心，同时选留基部 1～2 个生长发育良好的副梢培养为另外的主蔓（干），冬剪时尽量留基部 2～3 个枝，按其生长势及部位剪留，一般中间枝留 40～60 厘米短截，两侧（副梢枝）枝留 30～50 厘米短截，形成 3 个主蔓。第二年：春季发芽后，每个主蔓选留 1～3 个生长发育良好、部位合适的新梢并及时摘心，其余应全部除去。另外在植株基部选留 1 个生长良好的新梢作为主蔓以形成 4 个主蔓。冬剪时每一主蔓按新梢生长情况留 1～3 个枝，短截后作为下一年的结果母枝。第三年：春季发芽后，每个结果母枝上选留 1～3 个结果枝，使其均匀地分布在架面上。冬剪时对结果母枝进行合理的修剪，以后冬剪时按双枝或单枝更新修剪。

③大扇形和多主蔓扇形：整形过程与小、中扇形相似，只是多留主蔓，加大株行距，选择生长势强的品种与肥水条件优越的情况下采用。

据调查扇形整枝多采用中、短梢修剪，冬剪时留 2～4 节，并重缩部分弱枝，留基部 1～2 个芽培养预备枝，一般条件下到盛果期的葡萄园每亩留结果母枝 1 600～1 800条，生长季节新梢控制在 4 000条，果穗 3 500个左右，标准果穗 500～1 000克，产量控制在 1 500～2 000千克，营养枝与结果枝比 1∶4，叶果穗比（40～50）∶1，叶果粒比 1∶1.5。

立架扇形树形，一般行距 2 米左右，株距 1～1.5 米，架高低于行距，架面拉 3～5 道铁丝。

（2）水平整枝　多具主干，整形修剪较简单，修剪量较大，枝条在架面上分布均匀，果穗多集中在一条水平线上。一般分双臂单层和双臂双层、单臂单层和单臂双层等形式。立架水平整枝一般由3道铁丝组成，第一道铁丝距地面0.6米，第二道铁丝距地面1米，第三道铁丝距地面1.4～1.65米。

①双臂单层水平整形：适宜于生长势中等，土壤肥水一般和酿酒品种整形。具体整形方法如下。第一年：即定植当年，苗高40～60厘米时摘心，培养一个粗壮的枝蔓，冬剪时留30～60厘米。第二年春天芽萌发后选留上部生长强壮的两个新梢，向两侧延伸成两个臂枝，呈水平状态引缚，冬剪时根据生长情况各剪留30～50厘米作为双臂。第三年：春天将二臂枝呈水平状态引缚于第一道铁丝上，萌发后按20厘米左右留一个新梢垂直引缚，成为当年结果枝，先端选一粗壮新梢呈45°角倾斜引缚。冬剪时按中、短梢修剪，作为次年的结果母枝，臂枝先端的新梢进行中、长梢修剪，使其向前延伸直至布满株间为止。第四年：一般每一个结果母枝上留2～3个新梢作为结果枝，冬剪时每个结果枝进行中、短梢修剪和适当更新母枝，使结果部位相对稳定，保持树势均衡。此种树形操作简单，病害轻，易于生产优质果，但不宜于在埋土防寒区推广。单臂单层与上法相同，只是每株只留一个臂向一侧延伸，较宜于埋土防寒。

②改良水平整形：即在一个定植穴（沟）内栽两株葡萄苗（或插条），第一年冬剪时各留40～60厘米，第二年春将其交叉缚于第一道铁丝上，按20厘米左右留新梢作为结果枝，冬剪时按20～30厘米留一个粗壮的枝作为次年的结果母枝，对细弱、过密枝剪除。改良水平整形具有加速整形过程、便于埋土防寒、适合密植和便于更新等优点，因此，可大面积推广应用。

③双臂双层水平整形：整形方法基本与双臂单层水平整形相同，只是在第二道铁丝上用同一方法再留一层臂枝，最好从基部

培养，否则会互相影响，造成上强下弱。或下强上弱的不良后果。

单臂双层水平整形与双臂双层水平整形相同，仅是双层臂枝均向一侧延伸。

2. 棚架整形

(1) 独龙架（干）　选大苗、壮苗栽植，每株仅留一个主蔓，主蔓即是龙干，主蔓上不留侧蔓，直接着生枝组，即在主蔓两侧每隔25～30厘米配置一个短梢枝组，这些枝组称为龙爪。其具体整形方法如下。第一年：新梢长至1.5米时摘心，使枝蔓充分成熟，冬剪时根据生长势定其剪留长度，一般枝条直径在1厘米以上时可留长1.2～1.5米，反则短剪。第二年：主蔓先段留一个新梢长放，以作延长主蔓之用，其余按10厘米左右留一个结果枝。冬剪时先端新梢尽量长放，其余新梢按15～20厘米配置一个固定的结果部位（俗称龙爪）进行极短或短梢修剪。第三年：除先端新梢长放以布满架面为止，其余结果枝均进行极短或短梢修剪。

该整形法操作简便，易于管理，适用于生长势强的品种在干旱山地采用，也可与大田作物间作，独龙架通常产量较低，含糖量高，着色好。应用这种方法整形时，如留两个主蔓则为“双龙架”；留三个主蔓以上者则为多龙架。双龙架和多龙架的整形方法与独龙架相似，只是多留主蔓，它可充分发挥植株的生长势，在肥水充足的情况下，可获得丰产，但结果部位易移向先端，主干加粗后不易埋土防寒。

(2) 多主蔓扇形　一般每株留4～5个主蔓，主蔓上再分生若干侧蔓呈扇状分布于架面，其具体整形方法如下。第一年：新梢长到50厘米时摘心，在基部留1～2个粗壮的副梢，其余副梢去掉，顶部留2～3个副梢向前延伸，冬剪时各留30～50厘米作为主蔓。第二年：春芽萌发后每个主蔓上留2～3个新梢，其余均去掉，冬剪时按生长势强弱进行长、中、短梢修剪作为侧蔓。第三年：春天萌芽后根据枝条生长强弱和枝蔓分布稀密进行疏芽，一般每隔12~15厘米架面留一个新梢（结果枝）。冬剪时按枝条分布情况及生长强弱进行不同长度修剪，一般枝条粗壮、新梢距离较大或作为延长梢时可进行长梢剪，反之则进行中、短梢修剪，以充当翌年的结果母枝。

（3）少主蔓自然扇形　适合于株距较小的棚架栽培，株距1~2米。一般有2~3个主蔓，主蔓上分生侧蔓。具体整形方法如下：定植当年选留1~2个健壮的新梢留作主蔓，冬剪时剪留60~80厘米短截；第二年每个枝梢顶部留两个生长健壮的新梢，冬剪时留一长梢作延伸用，选留1~2个发育良好的成熟新梢作侧蔓，其余均作结果母蔓进行中、短梢修剪。以后每年将主蔓先端的新梢留作延长蔓，以尽快布满架面为止，主蔓上的侧蔓行长、中、短梢剪，以枝蔓均匀布满架面为准。

由于棚架整形所需时间较长，当前生产上多采用“先篱后棚”的改良式整形方法。这种方法是结果的前一、二年在棚架垂直部分采用篱架整形，促其尽早结果，而到第三年枝条延伸到水平架框时及时将架形改为棚架。这样既利用了篱架早结果，见效快的特点，同时又利用棚架的水平生长特点，有效地缓和了枝梢生长，增加了结果面积。

3. 高、宽、垂形

（1）“T”形架　主干高度1.2~1.5米，即在立柱顶端分别绑一根长0.55~0.6米的木棍，以立柱为中心，两端等长，然后在木棍两侧分别拉一根12号铁丝，当年新梢长到立柱顶端时摘心，选留两个副梢分别引绑于两铁丝上并沿铁丝延伸以培养结果母蔓，冬剪时枝条粗度在0.8厘米以上时按中、短梢修剪；第二年春天出土上架时，将结果母蔓水平固定在铁丝上，发芽后及时定枝、抹芽，一般每隔20厘米左右留一个新梢，新梢自然下垂，

可缓和新梢生长、减轻病害及便于埋土防寒。

（2）"Y"形架　第一年栽苗（扦插苗、嫁接苗或营养袋苗均可）选留1个壮梢。在不埋土防寒地区，当苗高0.8～1米时摘心，并垂直固定在第一道铁丝上。以后上部萌发的2个副梢枝，分别水平引缚在每一道铁丝上。将来成为"Y"形架的双臂主枝。冬剪时按照其老化程度短截。如果在冬季埋土地区，当苗高超过0.8米时，成一定角度斜向固定在第一道铁丝上，不摘心，使其单向顺铁丝水平生长。翌年单双臂上就会有部分新梢结果。

三、修剪

合理修剪，能确保树势健壮，枝蔓分布均匀，从属关系明确，充分利用架面，为葡萄稳产高产创造条件。葡萄的修剪一般分为冬季修剪（休眠期）和夏季修剪（生长期）两种。

（一）冬季修剪

冬季修剪主要是促进树势健壮，调节树体生长与结果的关系。使树体结构合理，枝蔓稀密适度，剪除病虫残弱枝，及时做好更新复壮，提高葡萄的产量和质量。埋土防寒地区，应在落叶后、土壤封冻前修剪；不埋土防寒的地区，可在最低温度过后至伤流前3周进行。

1. 修剪的基本方法

葡萄冬季修剪常用的方法有截、疏、缩3种。

（1）截　又称短截，是把一年生蔓剪去一段，留下一段。留2～3芽为重截（也称短梢修剪），留4～6芽为中截（也称中梢修剪），留7～12芽为轻截（也称长梢修剪），仅保留基部隐芽或1个芽的称极重截（也称极短梢修剪），留芽数超过12个以上的称为极长梢修剪。短截可以减少结果母蔓上过多的芽眼，节约养分，促进生长；剪留优质芽，有利于萌发优良的结果新梢；

另外，根据架面和空间的大小，可采用不同的剪截程度，调节新梢密度和结果部位，达到均匀结果的要求。

（2）疏　又称疏枝，是将整个枝蔓从基部剪去。疏枝主要疏密枝、老弱枝、病虫枝、徒长枝，可起到改善光照，促进生长，减少病虫为害，均衡树势的作用。

（3）缩　又称缩剪，把2年以上的枝蔓剪去一段，留一段。缩剪可起到更新枝势，控制结果部位，改善光照，均衡和调节树势的作用。

2. 选留优质的结果母蔓

优良的结果母蔓是来年取得丰产优质的基础，因此，冬季修剪时，必须重视剪留母蔓的质量，去劣留优。优质结果母蔓的特点是：枝条较粗且圆，成熟度高，髓部较小，节间短，节部突起，节眼饱满；皮色正常，无病虫为害。这种枝蔓的芽眼萌发率高，花序分化好，果穗大。

3. 结果母蔓的剪留长度

冬剪时，母蔓的剪留长度应依品种的结果习性、树势强弱、母蔓在架面上所处部位及所起作用的不同而区别对待。

（1）品种结果习性　由于各品种的结果习性不同，花芽在结果母蔓上的芽位也不同，因此剪留长度也不同。如生长强旺的龙眼、紫牛奶等品种，基部芽眼不易成花，宜以中、长梢修剪为主。而生长中庸或较弱的玫瑰香、贵人香、莎芭珍珠等品种，新梢基部易成花，冬剪时应以中、短梢修剪为主。

（2）枝蔓长势　就同一品种，因长势不同而剪留长度也不同。对强旺枝可采用长梢或极长梢修剪，中庸枝可行中度修剪，弱枝则可短留。

（3）枝蔓所处部位　位于架面基部的结果母蔓要短留，以防结果部位上移而造成基部光秃。架面空处要长留，密处要短留。整形阶段的主、侧蔓延长蔓要长留，以尽快扩大树冠。

（4）架式与树形　对于水平形和龙干形上的枝组，适用于连年短截；扇形整枝可长、中、短相结合。大棚架可采用中、长梢和极长梢为主，结合短梢的修剪法；立架可采用长、中、短混合修剪法。

4. 母蔓留量的确定

冬季修剪后，所留结果母蔓及芽眼的数量，不但直接影响到当年的产量和品质，也影响到下一年度的产量和树势。所以，确定合理的母蔓以及芽眼留量是冬季修剪的重要环节。

确定母蔓及芽眼合理留量的计算方法很多，但还没有一种普遍通用的计算公式，多是采用各自的经验公式进行计算，应因地制宜加以运用。各种计算方法的共同点是以树定产，由产量计算结果新梢留量，进而推算确定冻剪时母蔓和芽眼的留量。有的则以前 2 ~ 3 年的产量作依据，确定今年的株产量。例如：今年株产 20 千克，留 17 个母蔓，如果明年计划株产 25 千克，应留多少个结果母蔓？可代入以下经验公式计算：

冬剪应留结果母蔓数 = 上年所留结果母蔓数 × 明年计划产量/今年实际产量 = 17 × 25/20 = 21（个）

加上葡萄埋土，出土及其他管理措施造成的机械损失等，再多留 10% ~ 20% 的母蔓作保险。因此，实际剪留的结果母蔓数应是 23 ~ 25 个。根据无公害葡萄生产的要求，结果母蔓所剪留量为：篱架架面 8 ~ 10 个/平方米左右，棚架架面 6 ~ 8 个/平方米左右。

确定了留蔓数量，根据母蔓的剪留长度，确定适宜的芽眼留量。也可用下列公式测算：

留芽量 = 计划产量/平均果穗重 × 萌芽率 × 果枝率 × 结果系数 × 成枝率

5. 平衡树势

葡萄生长发育中，由于修剪不当或枝芽受伤死亡等因素，往往造成树势生长不平衡。如出现上下、左右、地上与地下不均衡等。冬剪时要采取相应的措施，调整树势，维持树体均衡。

（1）削弱顶端优势　促进下部枝蔓的长势。在树冠的强旺部分，不留顶端第一个强旺枝，而留第二个或第三个中庸蔓作为结果母蔓或延长枝。同时，上部适当少留蔓，以免影响下部枝蔓的长势。

（2）回缩复壮　当一个主蔓中、下部表现衰弱时，可用缩剪的方法，把需要留枝的部位缩剪为顶端枝，以增强其长势。

（3）疏强去弱促中庸　对强旺的隐芽枝，萌蘖枝和纤弱枝，在冬季修剪时疏除，以促进中庸枝的长势。

（4）对基部枝蔓，连年短剪少留　保持一定的优势在基部结果。

6. 更新修剪

更新修剪的作用：一是保持骨干枝和结果母蔓的生长优势；二是防止和纠正结果部位的外移，也兼有均衡树势的作用。

（1）骨干枝更新　葡萄生长到一定的时期会出现局部衰弱或强旺以及架面空秃的情况，已长至架面顶部的主、侧蔓延长枝仍会逐年向前延伸生长，因此，必须采取更新修剪予以复壮、抑强、补空和保持骨干枝良好的结果部位。根据更新部位和程度不同可分以下 3 种。

①小更新：在主蔓和侧蔓前端更新称小更新。这是在整形修剪中特别对主、侧蔓不固定的扇形整枝中用得比较普遍的更新方法。一般都用缩前留后的方法使结果部位不前移太快。

②中更新：在主蔓的中段和大侧蔓近基部进行的更新称中更新。一般在下面两种情况下使用：一是主侧蔓后部枝蔓生长衰弱，剪去前端部分以复壮中、后部枝蔓的生长势；二是防止基部光秃，缩剪去中部以上枝蔓把顶端优势转移到基部以复壮基部枝蔓。

③大更新：剪去主蔓的大部或全部的称大更新。一般是在主蔓基部以上枝蔓因严重冻害或病害等而损伤，而基部有新枝和萌蘖可接替的情况下，可剪去老蔓以新枝代替。对大更新要慎重行之，可先培养新枝再把老蔓去掉。假如老蔓已枯死或已无经济价值，也可先剪去老蔓以待萌蘖产生后取而代之。

(2) 结果母枝更新 由于新梢不断向前延伸，结果部位逐年向先端移动，如果不及时更新，下部会很快光秃，上部因留枝多而出现拥挤，因此，冬剪时，必须有计划留足预备枝更新，以保持结果母枝优势和结果部位的稳定。

①双枝更新：对利用中、长梢结果的结果环节要连年采用双枝更新法，以保持结果部位不外移。具体方法是：第一年冬剪时，在结果环节处留 2 ~ 3 芽剪截，第二年春留 2 个新梢；第二年冬剪时将顶端枝按中、长梢修剪作为结果母枝，其下一枝剪留 2 个芽作为预备枝；第三年冬剪时，缩剪掉这一结果母枝连同其上的一年生枝及其下的一段三年生枝，而把预备枝抽生的两个枝仍按上法前长后短进行剪截，即留一长一短，这样年复一年，便可维持结果部位不上升外移。

②单枝更新：冬季修剪时，只留一个当年生枝，一般短剪，也可长剪。翌春萌发后，尽量选留基部生长良好的一个新梢，以便冬剪时作为次年的结果母枝。用长梢单枝更新时可结合弓形引缚，使各节萌发的新梢均匀，有利于翌年回缩更新。

(二) 夏季修剪

葡萄夏季修剪是指在生长季进行的修剪，是冬季修剪的继续。夏季修剪主要是调节当年生长与结果的关系，使新梢在架面上分布均匀，改善风光条件；调节营养分配，促进养分积累，提高坐果率；促进果实膨大和花芽分化；减轻病虫害；从而改善树体的生长发育状况，提高产量和质量。

夏季修剪的方法如下。

1. 抹芽

葡萄萌芽后，抹除以下几种芽，以节省水分和养分。

（1）副芽　每个冬芽能萌发1个主芽和1～2个副芽，主芽先萌发而且壮实，大部分带有花穗；副芽一般不带花穗，应及早抹除。但在负载量不足时，可适当留少量双芽。

（2）谎芽　不带花序的主芽叫谎芽。除根据需要培养部分结果母蔓或增加叶果比保留一部分外，大部分都要抹除。

（3）隐芽　指从老蔓上发出的芽，一般生长瘦弱而不带花序，除个别用来补缺外，一般全部抹除。

此外，生长纤弱的主芽、畸形芽、杈口芽及从地上根干发出的萌蘖枝，应据情况及早抹除。

2. 定梢

当新梢长到10～15厘米，能看清楚花序的有无及大小时进行。定梢通常一年进行一次，晚霜为害多的地区最好分两次进行。定梢是关系到新梢密度和植株负载量是否合理的一个措施，定梢应根据品种特性、管理措施、历年产量和留梢量决定。常用的有以下两种方法：

（1）以产定梢法　根据所栽品种在正常年份的平均果穗重，留用新梢的结果枝率和结果系数，结合当年计划产量来确定合理的留梢量：

每亩留梢量＝计划产量/结果系数×单穗重×结果梢率

根据每亩留梢量和栽培株数，计算出单株留梢量。

（2）依密度定梢法　指单位面积架面内平均留梢数而言。一般平地及大叶片品种，每平方米架面留8～12个新梢，山地及小叶片品种，每平方米架面留12～16个新梢。

定梢与抹芽时还应考虑在需要进行更新的部位，选留更新的预备枝。

3. 新梢摘心和副梢处理

摘心是摘去正在生长的新梢和副梢的顶端，以减少新梢生长所消耗的营养物质，及时摘心对防止落花落果，提高坐果率有显著的作用，同时，可促进花芽分化，使枝蔓发育充实和起到改善风光条件的作用。

（1）新梢摘心的时期和方法　对巨峰等坐果率不高的品种的结果枝要在开花前一周左右，在花穗以上留 5～6 片叶摘心；对红地球等坐果率高的品种，应在落花后一周内于果穗前 6～8 片叶摘心；对发育枝的摘心应根据整形和结果需要而定；对延长枝蔓可留 15～20 片叶摘心；作为明年的结果母枝可留 8～12 片叶摘心。

（2）副梢处理　葡萄具有一年多次生长、多次分枝的特性，副梢生长量大，抽生次数多，是一项繁重的工作。新梢摘心后，副梢大量萌发，如不及时处理，就会因消耗养分而影响坐果和新梢生长，并造成架面郁闭，不利于光合作用的进行。生产中常用以下两种方法处理：一是大部保留，少量去掉。花穗以下不留副梢，而花穗以上副梢留 1～2 片叶摘心，大部分品种可用此法。二是顶部保留，其余去掉。只留顶端两个副梢，留 3～4 片叶摘心，再发二次副梢再摘心，其余副梢全部去掉。此法省工，适于叶大果穗小及副梢生长迅速的品种。

4. 枝蔓绑缚

通过对枝蔓的绑缚，合理利用架面，利于通风透光，便于管理。

（1）绑老蔓　葡萄春季出土后，把老蔓和结果母蔓绑缚在架面上，为以后新梢合理分布打好基础，绑老蔓应在芽眼萌动前后及早进行，并将伤残枝、过密枝疏除，以调节芽眼负载量。

（2）绑新梢　当新梢长到 30～40 厘米时，应及时绑缚，使新梢均匀排列，不交叉不重叠。并使果穗隐垂于叶片下，避免前期强光曝晒发生日烧。随着新梢生长要及时进行多次绑缚。葡萄绑缚采用“8”字形绑缚，以防枝条在铁丝上擦伤或磨断。

5. 花序、果穗的整修与套袋

包括拉长花序和疏花序、去副穗、掐穗尖、果穗套袋等，能临时调整养分的供应状况，起到促进坐果、提高产量和质量的作用。使鲜食葡萄的穗形松紧适度，果粒色美、质优、大小适宜且均一。酿酒品种一般不需进行花序修剪。

（1）拉长花序　在红地球花序基本成形时（开花前5天左右），用花序拉长剂奇宝（美国雅培公司生产，GA_3含量20%），处理，可使花序拉长，提高红地球葡萄的商品质量。具体方法：用奇宝1克，直接对水40千克，配成40 000倍液（5毫克/升），于晴天16:00后，用喷雾器喷果穗或用药液浸蘸果穗。一般1亩盛果期红地球用40千克药水即可。

（2）疏花序、去副穗、掐穗尖、整理果穗

①疏花序。在坐果多的情况下，要适当疏除部分花序。果穗留量一般按叶果比确定，单穗重500克以上的要求叶果穗比（30~50）:1，250克以上的果穗叶果比（20~30）:1。也可根据新梢的粗度确定留穗量，一般直径在1厘米以上的粗壮新梢每梢可留两穗果，直径在0.7厘米左右的可留一穗果，细弱的新梢不留果穗。

②去副穗，掐穗尖：对坐果稀疏或易落花落粒的品种，在开花前去副穗、掐穗尖（去掉1/5~1/4）可明显提高坐果率和葡萄内在品质。对坐果率高的红地球品种于谢花后一周内去除副穗、掐去穗尖1/5，同时沿穗轴逢两小穗去一穗，使每穗留7~8个小穗，每小穗平均10粒果左右，每穗70个果粒左右。

③果穗整理。果穗整理在生理落果后、果粒数基本稳定时进行。果穗整理主要是剪除生长不正常或过小、过密的果粒，使果粒在果穗上分布均匀，整个果穗匀称发育。

（3）果穗套袋　葡萄果穗套袋一般在果穗整理后（谢花后

15~25天)，即果粒大小如黄豆大小时进行。套袋前先在果穗上喷一次杀菌剂如抑霉唑（戴挫霉）或甲基硫菌灵（甲基托布津）等，待药液干后即可开始套袋；套袋应选用透气性和耐雨水冲刷性好的纸袋。葡萄纸袋的长度一般为35~40厘米，宽20~25厘米，具体长度、宽度应大于所套品种成熟时果穗的长度和宽度。套袋时将纸袋吹涨，小心地将果穗套进袋内，袋口可绑在穗柄所着生的结果枝上。套袋后在进行田间管理时，注意不要碰动纸袋，防止影响果穗和果粒。对红色品种，在采收前10~20天先将纸袋下部撕开或摘袋，摘袋前几日先把袋底打开，进行通风见光锻炼，再将袋摘掉，这样可避免高温伤害，以利充分上色。对容易着色和无色品种，以及着色过重的西北地区可以不摘袋，带袋采收。一些雨量较多的地区采用下口开敞的漏斗形袋（伞袋)，可以防止袋内湿度过大。

6. 环状剥皮

即用环剥刀在着生果穗枝蔓处的下一节的上方3厘米处环剥3~5毫米宽的皮层（也可用铁丝或绳子绞缢)，阻止叶片合成的营养向下输送，达到提高坐果率，增大果粒的目的。由于环剥的时期不同，产生的效果不同。花前（5~6天）环剥，可明显提高坐果率。果实膨大期环剥可增大果粒，浆果停长后环剥可增进果实质量。但过量环剥可引起树势衰弱，寿命缩短等不良后果。因此，生产上要慎重运用。

7. 除卷须与摘老叶

（1）除卷须　卷须缠绕易造成枝梢紊乱，如果不及时摘除，卷须老熟后不易去除，影响采收、修剪，在生长过程中也消耗大量养分与水分。因此，一般随摘心、绑蔓、去副梢等去除卷须。

（2）摘老叶　当果穗着色后，摘除部分果穗附近已老化的叶片，改善果穗的通风透光条件，促进果粒着色，减少病害，提高浆果质量。但摘叶不能过多、过早，否则影响光合作用和养分的积累，造成不良后果。

第二节　多次结果

葡萄的多次结果已广泛用于生产，并取得了丰富的经验。生产实践证明，多次结果一般可增产10%～20%，可溶性固形物提高2%～5%，并可延长鲜食葡萄的市场供应期，对弥补主梢果遭受自然灾害的损失也有重要意义。

一、影响多次结果的因素

在良好的栽培管理条件下，可通过人为的方法促使“冬芽”或“夏芽”萌发，抽生出结果枝当年开花结果。果穗的多少、大小是由多种因素决定的。首先，芽眼从芽原基形成到萌发的时间越长，花芽的分化越充分，抽出的果穗多且大；其次，处于优势部位的芽眼，由于营养物质供应较充足，花序分化速度快且完善；此外，合轴分枝节位低的品种，花芽分化早，容易形成花序。以上各种因素有着内在的联系，相互影响，如处于优势部位的芽，虽然形成晚，但因分化较快，所以花序分化比较好。又如夏芽的合轴分枝节位虽低，但由于萌发速度快，芽内分化时间短，果穗小于冬芽果。一般玫瑰香、巨峰、葡萄园皇后、红大粒等品种较容易得到多次果，龙眼、牛奶等品种则不易。

二、夏芽多次结果技术

在一个新梢上若想得到多次果，必须在夏芽未萌发的节位上剪截，诱发夏芽抽梢结果，生产上一般用副梢基部1～2节的夏芽。另外，用100～150倍液PBO喷布枝叶，减缓夏芽萌发和新梢生长的速度，每个副梢可抽出较多的花序（2～3个），为提高夏芽多次结果的经济效益开辟了新途径。

三、冬芽多次结果技术

利用冬芽多次结果，要根据葡萄冬芽的花序分化始期和冬芽再次果成熟所需的有效积温综合考虑，二者缺一不可。过早，花序没有形成；过晚，再次果不能正常成熟。在生产上多采用主梢摘心后暂时保留副梢，抑制冬芽立即萌发，对副梢进行多次摘心，促进冬芽加速分化，当再延长分化时间就不能成熟时，就剪掉顶端1～2个副梢，逼迫冬芽萌发（山东大泽山地区在6月中旬，花后20～30天），这样便可得到完全成熟的再次果。此外，也可在主梢摘心后，一次除净副梢逼迫冬芽抽梢结果，由于花芽分化时间短，花序分化不够完善，不容易得到理想的果穗，需要再次剪截主梢，使下部1～2节冬芽萌发，才能得到较高的产量。

总之，葡萄多次结果技术是一项有效的增产措施，但必须因地、因树制宜，在确保主梢果实高产优质的前提下，适当掌握，并需加强肥水管理，保证树势健壮，否则，会影响果实的着色成熟，甚至产生某些生理病害（如转色病等），造成不良后果。

第三节　植物生长调节剂在葡萄上的应用

葡萄上应用生长调节剂主要有两个目的，一是促进形成无核果实，二是促进果实上色成熟。

一、促进果实增大和形成无核果实

（一）促进无核品种果实增大

无核品种一般果粒较小，利用赤霉素处理可以有效增大果粒。无核品种利用赤霉素增大果粒一般要处理两次，第一次在盛花期用10～20毫克/千克的赤霉素溶液浸沾花序，盛花后14～15天再用20毫克/千克赤霉素重复处理一次，即可明显促进果实增大。

（二）促进有核品种形成无核果实

要使有核品种形成无核果实必须进行两次处理，第一次在开花前或盛花期先用20毫克/千克赤霉素浸沾花序，第二次在第一次处理后10天再用10~25毫克/千克赤霉素重复处理一次果穗，即可形成无籽、大粒的果实。

（三）促进果实增大

单纯增大葡萄果粒处理方法比较简单，一般是在盛花后15天用20~50毫克/千克的赤霉素溶液浸沾一次幼穗即可，为了使药液浸沾均匀，可加入适量的展布剂。

近年来，采用新的激素吡效隆（KT-30）处理葡萄，也有明显的效果，方法是在花后10~15天用浓度10~20毫克/千克的药液浸沾果穗，即可显著增大巨峰等品种的果粒。

值得指出的是：利用激素处理时，在不同品种、不同气候条件下效果都会有所差异，因此，一定要预先进行试验，探求最佳处理的浓度和方法。

二、促进果实上色成熟

利用生长刺激素乙烯利能有效地促进葡萄早上色，早成熟，处理时间在葡萄果实开始成熟（即有色品种开始上色，无色品种开始变软）时进行，方法是用250~300毫克/千克的乙烯利溶液均匀浸沾或喷布葡萄果穗，一般能提早成熟6~8天，除了乙烯利外，在葡萄开始成熟时在果穗上喷布100~200毫克/千克的脱落酸也有明显的催熟作用。成都绿金公司生产的欧甘叶面肥150倍、上海市农业科学院植保室生产的葡萄增糖着色剂150倍液及四川兰月葡萄增糖显色灵600倍液在葡萄1/3果粒着色时喷施，可使葡萄提前成熟，又增加含糖量，可明显提高经济效益。

对用于贮藏的葡萄品种不宜用赤霉素和乙烯利进行处理，以免影响贮藏效果。

第八章　土、肥、水管理

葡萄自定植后，整个生长发育过程中，都要从土壤中吸收大量的营养物质、水分等来满足生命活动的需要。因此，搞好土、肥、水管理是葡萄栽培中的一项基本措施。

第一节　土壤管理

葡萄栽植后，要长期生长在同一块土壤里，而葡萄大部分栽植在土壤结构较差、肥力较低的山岭、沙荒薄地。因此，需要不断进行土壤改良，为葡萄根系的生长发育创造一个良好的环境是保证丰产的基础。

一、深翻扩穴

栽上葡萄后，应在栽植沟的两侧，按原沟的边界与深度向外扩穴改土，篱架用2年的时间全部扩完（第1年扩左边，第2年扩右边）。棚架可沿原来的栽植沟按枝蔓爬向，逐年向前开沟，换土施肥，直到扩遍全园。以后每隔五六年再扩一遍以更新根系。篱架可在行间中部开沟，宽度0.5米左右，并要隔一行扩一行，下一年再扩另一行。棚架则在架下每隔1米挖一道2米长0.5米宽的纵向沟（与枝蔓爬向平行的沟），第2年和第3年再在空处开沟，开沟后都要换土施基肥。

深翻扩穴要结合秋施基肥进行，时间应在采收后至土地上冻前进行，注意操作过程中不要损伤较粗的根和避免根系在外暴露太久，最好扩穴当天施肥填土。并要及时灌足水。

在旱地葡萄园，则应于雨季初期，围绕植株基部1～1.5米范围内实行深达45厘米以上的翻地扣根，并造成水沟蓄积雨水。

二、深耕翻刨

对完成扩穴任务的葡萄园，为保持园内土壤疏松，促使根系深扎，应在落叶后至上冻前，深翻20厘米左右，并结合整修地堰、整平地面，近根茎处应浅翻浅刨。还要及时浇好封冻水。

在干旱地区，可以采用深松土的方法代替深翻，深松土的效果可保持3～4年，因此，无需在同一地点每年进行。

三、压土

压土可加厚土层，增加土壤内的养分，也增强了保水、保肥能力，对栽植在瘠薄的山地、河滩和荒沙地的葡萄，效果尤为明显。

四、中耕除草（清耕）

中耕松土利于调节土温、保墒，可防止土壤板结和改善土壤通气状况。每年生长季节一般中耕除草4～5次，特别是在涝雨季节及时中耕除草，对保持地面疏松、干燥，改善田间小气候，以减轻真菌病害的发生和蔓延有良好作用，处暑后一般不再进行松土，只进行浅锄除草，使地面保持一定的平整和硬度，以便于排水，避免根系吸水过多而引起葡萄裂果。

中耕的深度一般较浅（5～10厘米），但因具体情况的不同而有差别。如北方冬季寒旱，靠近地表的须根大多死亡，故早春中耕可以适当加深。夏季的根群，因土壤水分状况较好，靠近地表的须根量猛增，所以中耕宜浅。为了保墒，旱地葡萄园在每次降水后，应全园锄地。对盐碱地葡萄园来说，为防止盐碱上升，

其中耕次数应多于一般葡萄园。

五、间作和覆盖

为了培肥地力，增加收益，幼年葡萄园可实行间作。间作物可以豆类、中草药及葡萄苗等。在不埋土防寒地区，成年葡萄园的棚架下可长期间作如天麻、蘑菇等耐阴经济作物。间作物必须与葡萄植株保持适当距离，通常不少于 50 厘米。为提高葡萄园土壤肥力，可在采用棚架、高宽垂架等结果部位较高的园区种草，可种植鼠茅草、白三叶、黑麦等。

在生长季节，利用作物秸秆如稻草、麦秸，豆秸或绿肥秸秆等覆盖于行间，可以防止杂草生长，增大土壤湿度，抑制土温升高，降低夏季高温对根的抑制作用，促进根系的生长发育，防止土壤流失，减少土壤蒸发。而在盐碱地上可以抑制盐分上升。同时，覆草腐烂分解后，就是最好的有机肥。覆盖也有不足之处，覆草促使葡萄须根上返，易受旱害和冻害，也不利于消灭越冬病虫。

此外，利用塑料薄膜覆盖，能抑制或控制杂草生长，减少土壤水分损失，提高土温，减少土壤越冬病虫害的初侵染源。

第二节　肥　　料

一、主要营养元素对葡萄生长结果的影响

葡萄在整个生命活动过程中，营养物质的需要量较大的有氧、氢、碳、氮、磷、钾、钙、镁、硫等元素。这些元素称为大量元素。硼、铜、锰、锌、钴、铁等需要量较少，一般称为微量元素。各种元素主要由根通过土壤吸收到植株的内部，有时也可从绿色部分吸入体内（如叶面喷肥）。

（一）氮（N）

氮是蛋白质、核酸、酶、维生素、叶绿素、磷脂和生物碱等生命物质的主要组成成分。氮素供应不足，葡萄植株无法正常生长。在适当的氮素条件下，葡萄萌芽整齐，枝叶生长发育良好，光合效能强，从而授粉、受精、坐果良好，不仅保证当年丰产，而且果实品质好，还影响翌年产量。如氮肥过多，则叶片薄大，新梢徒长，落花落果重，坐果率下降，枝条不充实，果着色不良，成熟延迟，品质下降，酿酒则酒质不佳。在葡萄的施肥上：一是避免大量施用以氮肥为主的有机肥和化肥，造成肥料比例失调，出现氮肥过多的不良症状；二是避免氮肥相对不足，有时因为果实负载量太高，土质贫瘠或整形修剪不当，造成果实着色不良，新梢过早地停止生长。因此，使用氮肥的多少以及何时施用氮肥，一定要根据土壤肥力和葡萄的生长结果状况来确定。由于氮素易分解，在土壤中易流失，因此，必须分期追肥。

（二）磷（P）

磷是核蛋白、磷脂、核酸的主要成分，主要存在于幼嫩生长部分和胚胎组织中，如花、种子等。葡萄植株所有器官都含磷元素，整个生长期中均需要磷，特别是果实膨大到成熟期间需要量最多。供应充足的磷，有利于葡萄开花、坐果。磷对葡萄花芽分化的作用比其他元素要明显。磷肥还可以促进吸收根的生长，增加根的数量，促进枝蔓成熟，增强抗病、抗旱、抗寒力等。缺磷时，新梢生长细弱，花芽分化不良，叶片（老叶）呈暗紫色，果实含糖量低，着色差，种子发育不良。磷素易被土壤吸收不易流动，施用磷肥时最好结合有机肥（基肥）深施，追肥时也应比氮肥稍深。根外追施磷肥能起到良好作用。

（三）钾（K）

葡萄为喜钾植物，整个生长期间均需要大量的钾，特别是在果实成熟期间需要量最大。钾对于碳水化合物的合成、运转、转

化等方面起着重要作用。钾对葡萄的重要作用是促进浆果成熟，改善浆果品质，增加浆果的含糖量，促进浆果上色和芳香物质的形成，还能提高出酒率。钾还有利于根系生长和细根增加及枝条组织充实等。缺钾引起叶缘黄化、枯焦、果穗穗轴和果粒干枯等生理病害。钾过多时能抑制氮素的吸收，发生镁的缺乏症。

（四）硼（B）

硼属微量元素，对植物的生殖过程起重要作用，能促进花粉粒发芽，促进花粉管伸长，有助于受精和提高坐果率，能促进根的形成、生长和愈合组织的生成，能促进糖的转运，减少畸形果。缺硼，抑制花粉管发育，花蕾不能正常开放，严重时造成大量落花、落果。缺硼的新梢节间变短、易脆折，叶面凹凸不平，在果皮下的果肉中产生褐斑。

（五）钙（Ca）

钙是细胞壁和细胞间层的组成成分。在葡萄植株体内，钙主要在老熟器官中积累，但生长发育的组织需钙量也很大。它有利于根的发育和吸收作用，缺钙时有缺氮的症状。北方地区使用波尔多液，一般不缺钙。在我国南方酸性或偏酸性土壤上，施用一定量的石灰后可提高葡萄浆果品质和增加产量。

（六）锌（Zn）

锌参与叶绿素和生长素的合成。缺锌时新梢节间短，叶片小而且失绿，果穗上形成大量无籽小果，常常绿而且硬。小叶小果是缺锌的主要特征。

（七）铁（Fe）

铁参与多种氧化还原酶的组成，参与细胞内的氧化还原作用。缺铁导致葡萄植株黄化，叶片失绿，但与缺镁失绿症不同，首先表现为顶端嫩叶发生全面黄化，仅叶脉保留绿色。铁在葡萄植株体内不能再重复利用，因此，黄化病首先在幼叶上表现症状，而老叶仍为绿色。严重缺铁时，新梢变为黄绿色甚至黄色。

植株缺铁往往与土壤偏碱有关。

（八）镁（Mg）

镁是叶绿素和某些酶的重要成分，和光合作用密切相关。镁在葡萄植株体内主要存在于活跃的幼嫩组织和器官中。缺镁时磷的代谢作用不良，新梢顶端呈水浸状，叶片失绿、黄化，只有叶脉呈绿色，坐果率和果粒重下降。

二、肥料的种类及其应用

（一）有机肥料

即人粪尿、禽粪、猪圈粪、厩肥、饼肥、骨粉、堆肥、绿肥等均属于有机肥料。它们所含的营养物质比较全，故称为“完全肥料”；多数需要通过微生物分解后，才能被植物的根系所吸收，故又称为“迟效性肥料”，有机肥料一般多作为基肥施用。有机肥不仅能供给植物所需的营养元素和某些生长激素，而且对提高土壤保肥、保水能力，改良沙土与黏土的土壤结构都有良好的作用。有机肥一定要经过充分腐熟发酵后施用，才能取得良好的效果。有机肥、无机肥与生物菌剂配合施用效果更好。

（二）无机肥料

这类肥料主要包括矿物质肥料和化学肥料。如磷矿粉、石灰、炕洞土、草木灰等属于矿物质肥料。尿素、硫酸铵、过磷酸钙、钙镁磷肥、硫酸钾、复合肥料等统称为化学肥料。这些肥料的共同特点是所含营养元素比较单一，易溶于水，分解快，易被根系吸收等特点，肥效快可以补偿土壤养分的不足，故称为“速效性肥料”。无机肥料对改善土壤团粒结构和微生物活动等方面远不如有机肥，因此，应根据葡萄不同生长阶段对各种元素的不同需求给予分期、适量补充施用。

（三）微生物肥料

包括微生物制剂和微生物处理肥料等。微生物肥料是指含有

活微生物的特定产品。将它应用到农业生产中，能够获得特定的肥料供应。它和微肥有本质的区别，前者是活的生命，后者是矿质元素。

微生物肥料可以概括为三大类：一类是通过微生物的生命活动，增加植物营养元素的供应量，导致植物营养状况的改善。具有抗病、防病、治虫的作用，亩用量2千克左右。主要有根瘤菌、固氮菌、解磷菌和硅酸盐菌（钾菌）。另一类是微生物的代谢物质，如氨基酸、黄植酸等，将它和矿质微量元素加以配合，制成液态或固态的产品，达到作物生长或抗御病虫害的作用。再一类是借助微生物腐解有机质的功能。例如，发酵或酵素菌可加速农家肥或秸秆的腐烂，达到增加土壤腐殖质的作用。这一类多加入一些化学肥料，以保证作物对营养的需求。市场上称作生物多元有机肥，如“EM”有益菌肥，每亩用量多在1 000千克以上。

（四）施肥量

葡萄对氮、磷、钾的吸收比例为1：(0.5～0.7)：1。依据地力、树势和产量的不同，参考每产100千克果一年需施纯氮0.25～0.75千克、五氧化二磷0.25～0.75千克、氧化钾0.35～1.1千克的标准测定，进行平衡施肥。施肥量是指1亩或一株葡萄一年中需要施多少肥料。科学的方法是参考理论数据，再经过对土壤、肥料和植物3方面的分析，然后确定应施入土壤中的肥料数量。目前，运用这一方法对一般栽培者来说是有困难的。现在各地对葡萄的施肥量主要是根据每年植株的结果和生长表现，再参照过去的施肥数量来确定今年的施肥量。当前，我国一些葡萄产地对作为基肥的有机肥料施用量为产量的2～2.5倍，即生产100千克葡萄应施有机肥料200～250千克。通过近几年的生产试验证明：以亩产2 000～3 000千克葡萄果实为例，基肥以亩施鲁虹有机肥800～1 000千克或腐熟的圈肥5 000～6 000千克+

鲁虹复合肥（15－10－20）60～80千克或掺混肥（15－10－20）60～80千克＋鲁虹1号2～3千克或抗重茬穴施肥20～40千克效果为好。

以上所施用的基肥的数量尚不能满足葡萄的总需肥量，更不能满足葡萄各个生长阶段对养分的不同需求。因此，还应分期进行施用化肥和矿物质肥料。以亩产2 000千克葡萄为例，要求每亩施用尿素不少于30～50千克，过磷酸钙30～40千克，硫酸钾40～50千克。在实际操作过程中，可就地取材，换成农家肥料或葡萄专用复合肥。要限量施用氮肥，限制施用含氯复合肥。

（五）施肥时期与方法

葡萄一年需要多次供肥。一般于果实采收后施基肥，以有机肥为主，并与磷钾肥混合施用。萌芽前追肥以氮、磷为主，果实膨大期和转色期以磷、钾肥为主。微量元素缺乏地区，依据缺素的症状增加追肥的种类或根外追肥。最后一次叶面施肥应距采收期20天以上。

施肥时期应密切结合葡萄的生长发育阶段。萌芽后，随着新梢生长，叶面积逐渐增大，对氮肥的需求迅速增加；随后，浆果生长和发育对氮肥的需求量加大，植株对氮肥的吸收量明显增多；在开花、坐果后，磷的需求量稳步增加；在浆果生长过程中钾的吸收量逐渐增加，以满足浆果的生长发育需要。

1. 基肥的施肥时期

一般把休眠期或临近休眠期的施肥称为基肥。施基肥的最适期在中晚熟葡萄采收后至土壤封冻前越早越好。在秋季，气温和地温较高又正值葡萄根系进入第二次生长高峰。此时施肥，肥料容易分解而便于根系吸收，同时断根的再生能力和吸收作用也强，有利于树体养分的积累及来年萌芽、开花和坐果。如推迟到休眠后施基肥，因为根系已基本停止了吸收活动，肥料只能贮存在土壤中而难早期发挥它的肥效。如果早春葡萄伤流后再施基

肥，由于根系受伤不易愈合，影响当年养分与水分的供应，造成发芽不整齐，花序小和新梢生长弱，往往需要经过 1 ~ 2 年后才能恢复，应尽量避免。如晚春施则应浅施或撒施。

在无水浇条件的山地，也可在夏季多雨季节施基肥。既解决了施肥后要浇水的困难，也避免了肥料在贮存期的损失，并可减轻秋施基肥的不足，而且，同样起到秋施基肥的良好作用。

2. 基肥的施肥方法

可结合土壤管理采取沟施、扩穴施、全园翻耕等方法。沟施是在葡萄植株的两侧或周围，根据树龄的大小，一般离树干 40 ~ 80 厘米，挖宽 30 ~ 40 厘米、深 40 ~ 60 厘米的沟，将肥料施入沟中覆土、浇水。

扩穴是改良土壤和更新根系的一种方法，也是深施肥的好方法，一定要结合进行，可将土粪等有机肥与熟土拌匀填在穴的下部 2/3 处，其上再覆生土。

全园翻施是将土粪等有机肥均匀地撒在葡萄园内，然后结合翻刨将肥料翻入土中。对成龄葡萄园在不扩穴的年份可采用这个方法。

无论采取哪种施肥方法，除夏施肥外，都应结合施肥进行灌水，才能充分发挥肥效。另外，为了提高所施基肥的肥效，可加入适量化学肥料或果树专用肥。基肥施肥量占全年的 50% ~ 60%。

3. 追肥的时期和方法

一般把生长季节的施肥称为追肥。根据葡萄的生长和结果，全年追肥次数应不少于 3 次。

（1）第一次芽前追肥　可在葡萄发芽前进行，这时葡萄根系刚开始活动，追肥对花穗的分化发育和葡萄前期生长有重要作用，肥料应以尿素，硫酸铵等速效氮肥为主，施肥量应占全年氮肥量的半数以上，亩施尿素 15 ~ 20 千克。方法是可在离植株

30~40 厘米处，挖 10~15 厘米深的窄沟，施入肥料后浇水、覆土。

（2）第二次为幼果期追肥　可在 6 月中下旬幼果膨大期追肥，这次肥料对生长和坐果、新梢及副梢的花芽分化都极为重要。仍以速效氮肥为主，可施入全年追氮量的另一半，并结合施入少量磷、钾肥，追肥后根据墒情及时浇水。以亩施鲁虹复合肥（15-10-20）30~40 千克或冲施肥（20-10-30）20~25 千克为好。

（3）第三次灌浆肥　于 7 月中下旬葡萄成熟前，应追施草木灰、过磷酸钙、硫酸钾等磷肥和不含氯的钾肥。可挖深 15 厘米，宽 10~20 厘米施肥沟，将肥料施入。追肥后根据墒情及时浇水。以亩施鲁虹复合肥（15-10-20）40~50 千克或冲施肥（15-5-40）20~30 千克为好。

（4）叶面喷肥　也称根外追肥，是一种经济有效的施肥方法，近年来已被广泛采用。特别是对一些葡萄易缺的微量元素，用叶面喷肥效果更好，而且大部分肥料可加在农药里一起喷洒。时间应在晴朗的早上或傍晚，特别在傍晚叶片吸收作用旺盛，同时气温较低，溶液蒸发慢，肥料易被吸收进入叶内。在炎热干燥或阴雨多风天气易生肥害，不宜喷施。

生产试验证明，葡萄萌芽期喷施 500 倍液回生露+植壮；谢花后至套袋前，间隔 15 天左右喷施一次 500 倍液钙伽力；套袋后至转色期，间隔 15 天左右喷施一次 500 倍液金克拉；转色期和采摘前 20 天各喷一次 500 倍液美果王效果良好。

叶面肥包括大量元素、微量元素、氨基酸类、腐殖酸类肥料。叶面喷肥的稀释浓度很重要，浓度太大会使葡萄叶片和幼嫩部分发生药害，在大面积喷布前应先进行试验，下列喷肥的种类和浓度供参考（表 3）。

表3　葡萄叶面喷肥的稀释浓度

肥料名称	喷施浓度（%）	肥料名称	喷施浓度（%）
回生露	0.2	植壮	0.2
金克拉	0.2	钙伽力	0.2
美果王	0.2	草木灰	1～3
尿素	0.1～0.3	硫酸锌	0.2～0.5
硫酸铵	0.3	硫酸亚铁	0.1～0.3
过磷酸钙	1～3	柠锰酸	0.05
磷酸二氢钾	0.1～0.3	硫酸锰	0.05～0.3
硫酸钾	0.05	硼砂	0.1～0.3
硫酸镁	0.05～0.1		

第三节　水分管理

一、灌溉

在众多果树中，葡萄比苹果、梨、桃等果树抗旱能力强。不少旱地葡萄园都能获得较高产量。但生产实践证明，合理灌溉是获得丰产优质必不可少的条件。

许多试验资料证实，在葡萄根系分布层中，土壤相对持水量为60%～70%时，根系和新梢生长良好。持水量超过80%，则土壤通气不良，地温不易上升，对根系的吸收和生长不利。当土壤持水量降到35%以下时，则新梢停止生长。葡萄园的灌溉要考虑到葡萄生长发育阶段的生理特性和当地的气候、土壤条件。

（一）灌溉时期与次数

1. 葡萄萌芽前是第一个关键时期

这时葡萄发芽，新梢将迅速生长，花序发育，根系也处在旺盛活动阶段，是葡萄需水的临界期之一。北方春季干旱，葡萄长期处于潮湿土壤覆盖下，出土后，不立即浇水，易受干风影响，造成萌芽不好，甚至枝条抽干。

2. 开花前 7 ~ 10 天，也是一个关键浇水期

在此时期新梢和花序迅速生长，根系也开始大量发生新根，同化作用旺盛，蒸腾量逐渐增大，此时灌水有助于新梢和花序的迅速生长，开花整齐，坐果率高，特别对容易落花落果的品种尤为重要。

开花期，一般要控制水分，因浇水会降低地温，同时土壤湿度过大，易引起枝叶徒长，导致落花落果。在透水性强的沙土地区，如天气干旱，在花期适当浇水有时能提高坐果率。故花期灌溉应视具体情况而定。

3. 落花后 7 ~ 10 天，是第三个关键时期

在此期内，新梢迅速加粗生长，基部开始木质化，叶片迅速增大，新的花序原始体迅速形成，根系大量发生新侧根，根系在土壤中吸水达到最旺盛的程度，同时幼果第一个生长高峰来临，是关键的需肥需水时期。

4. 浆果生长—成熟期

浆果生长期间，水分充足，可以增大果粒，提高产量。但浆果成熟时，特别是采收前水分过多，则延迟浆果成熟并影响质量，严重时（特别在前期干旱条件下）则易产生裂果和加剧病害的蔓延。因此，成熟期间应合理调节水分，保持土壤适宜湿度。

5. 采收后—落叶前

此期如果土壤缺水造成秋旱，对植株养分的积累不利而影响抗寒力。秋旱常常是引起冬季冻害的前因，所以，也要注意灌水，这次灌水可结合秋施基肥进行。

6. 葡萄埋土防寒时

若土壤干旱则不便埋土，需在埋土前少量浇水。北方冬春干旱的地区，应重视浇封冻水，以减少冻害和干旱的为害。

葡萄园年周期需水和控水可归纳为：灌（萌芽—开花前）—控（花期）—灌（浆果生长期）—控（浆果成熟期）—灌（采收后，封冻前）的过程。

关于葡萄植株水分亏盈指标，有经验的果农常以嫩梢生长状况作为灌水的标准，认为嫩梢尖硬而弯曲为正常生长现象；若嫩梢直立而柔软则为缺水表现，应立即灌水。

（二）*灌溉量和方法*

1. 灌溉量

一般沙地宜少量多次，盐碱地应注意灌溉后渗水深度，最好与地下水相隔1米左右，不可与其相接，以防返碱。春季灌溉量宜大，次数宜少，以免降低土温影响根系生长；夏季则相反；冬季灌水量宜大，但黏重或低洼地不宜过大，灌溉后通常以土壤湿透50～80厘米为宜。一般前期（萌芽－浆果生长期）田间持水量以60%～80%，后期（浆果成熟期）以50%～60%为宜。

2. 灌溉方法

灌水方法可采用沟灌、畦灌，有条件的地方可采用管灌、滴灌，不提倡大水漫灌。对水源困难的山地，可采用穴灌加覆膜以节约用水量。可在葡萄根系分布较集中的地方，分别挖几个宽20厘米、深30厘米的灌水穴或短沟，每穴或沟浇水15～25千克，水渗下后盖土覆膜。也可采用“穴贮肥水，地膜覆盖”。

对完全没有浇水条件的葡萄园，只有做好土壤管理，增加土壤本身的保、蓄水能力，并可采用覆草、盖膜等方法减少水分蒸发。

二、排水

葡萄缺水固然不行，但积水太多也不利于生长，因根系的生长除需要水分和养分外，还需适量的空气，土壤中的积水排不出去，就减少了空气而造成缺氧，迫使根系呼吸困难，严重时根系腐烂危及植株生命。因此，及时排出积水是极为重要的。对地下水位高的平坦地，应挖沟排水或修台田排水，山地葡萄园在建园之初就要修建好排水系统。每次大雨后，一定要及时排出积水。

第九章　葡萄主要病虫害防治

病虫害防治是葡萄栽培中的主要内容。随着我国葡萄种植面积的扩大，葡萄病虫害已成为栽培管理中的突出问题。据资料介绍为害葡萄的主要病虫害有40多种，国内已知30多种，其中真菌病害27种，细菌病害2种，病毒病3种，线虫病害3种，生理病害5种，各种害虫10多种。葡萄受病虫为害，轻者致使生长发育不良，产量下降，品质降低；严重的造成整株整枝死亡，以致绝产无收。葡萄病虫害防治要遵循“预防为主，综合防治”的方针。

第一节　葡萄主要病害及其防治

一、葡萄黑痘病

【症状】葡萄黑痘病主要侵染植株的幼嫩组织，葡萄幼嫩的叶片、叶柄、果实、果梗、穗轴、卷须和新梢等部位都能发病。幼叶感病后，叶面上初形成针头大小的红褐色斑点，渐渐形成中部浅褐、边缘暗褐色并伴有晕圈生成的不规则形病斑。后期病斑中心组织枯死并脱落，形成空洞，病斑大小比较一致。叶脉感病，受害部位停止生长，使叶片扭曲、皱缩，甚至枯死。新梢、叶柄、卷须感病，出现圆形或不规则形褐色小斑，渐呈暗褐色，中部易开裂。严重时，数个病斑融合成一片，最后造成病部组织枯死。幼果感病，初生圆形褐色小斑点，以后病斑中央变成灰白色，稍凹陷，边缘紫褐色，似“鸟眼”状，后期病斑硬化或龟裂，病果小而变畸形，味酸，失去食用价值。成长的果粒受害，果粒仍能长大，病斑不明显，味稍变酸。当环境潮湿时，病斑上产生灰白色黏状物，即病菌的分生孢子团。穗轴感病，常使小分穗甚至全穗发育不良，甚至枯死。

【发生规律】黑痘病主要以菌丝在病枝蔓的溃疡斑内越冬，也能在病叶、病果等部位越冬。第二年4~5月借风雨传播到植株绿色幼嫩的部位。病害的流行与降水、空气湿度及植株生育幼嫩状况等有直接关系。多雨、高湿有利于分生孢子的形成、传播和萌发侵染；组织柔嫩，有利侵染发病。各器官组织长大、老化后则抗病。

【防治方法】

①因地制宜，选用抗病品种。

②彻底清洁田园，消灭菌源。结合修剪，及时剪除病组织。彻底清除架面、地面上的病残体，并立即集中烧毁或深埋。

③葡萄发芽前喷布3~5度（波美度）石硫合剂可兼治其他病害和虫害。

④在葡萄展叶后至果实着色前，每隔10~15天，及时喷一次200倍半量式波尔多液或80%喷克800倍液或78%科博500倍液与甲基硫菌灵或多菌灵等内吸杀菌剂交替使用。最重要的是开花前和落花后这两次药必须认真抓好。

⑤苗木消毒：插条和苗木可传播病菌，因此，新建葡萄园应进行消毒后再定植。可用10%的硫酸亚铁+1%粗硫酸或波美3度石硫合剂浸苗或喷布均能收到良好的预防效果。

二、葡萄炭疽病

【症状】葡萄炭疽病又名晚腐病，全国各葡萄产区均有分布。在多雨年份易引起果实的大量腐烂，造成丰产而不能丰收。

该病除为害葡萄外，也侵染苹果、梨等多种果树。炭疽病菌主要侵害果实，果实初发病时，果面上产生针头大小的淡褐色斑点或雪花状的斑纹，后渐扩大呈圆形，深褐色稍凹陷，其上产生许多黑色小粒点并排列成同心轮纹状，即病原菌的分生孢子盘；环境潮湿时，小粒点上涌出粉红色黏胶状物，即分生孢子团。病斑可扩大到半个或整个果面，果粒软腐，易脱落或失水干缩成僵果。穗轴和果梗感病，呈现椭圆形或梭形深褐色病斑，影响果穗生长，严重时使果粒干枯脱落。嫩梢、叶柄发病，症状与之相似，但不常见。叶片、卷须等组织上一般不表现症状，室内保湿培养也可产生病菌，故认为该病为潜伏侵染性病害。

【发生规律】炭疽病菌主要以菌丝在结果母枝和架面上的一年生枝、穗轴、卷须等部位越冬。病菌潜伏在皮层内，以近节部最多。孢子借雨滴、风力或昆虫传播到幼果上，经过萌发之后通过果皮上的小孔侵入到表皮细胞。经过 10 ~ 20 天便可出现病斑，某些品种上直至始熟期才表现症状；传播到新梢、叶片上后侵入到组织内部，但不形成病斑，外观看不出异常，这种带菌的新梢（下一年的结果母枝）可成为下一年的侵染源。

田间观察表明，凡连接或靠近结果母枝的果穗，发病率高且会形成发病集中，上下成片的现象。葡萄越近成熟期发病越快，潜伏期也越短，有时只有 2 ~ 4 天，这是因为果实后期糖度高，果实表皮产生大量小孔，孢子萌发侵入的机会就会越多，发病也就严重；同时，葡萄近成熟期，正值 7 ~ 8 月高温、多雨的夏季，因此最利于病害的流行。

发病与栽培条件、管理水平和选择的地势有关。凡株行距过密、留枝量过多、通风透光差、田间湿度大的果园，有利于病菌的滋长蔓延，发病就重；清扫田园不彻底、架面上挂着病残体多的果园发病就重；地势低洼、排水不良、地下水位高、土壤板结黏重的果园发病就重。

品种间抗病性也有差异。一般欧亚种感病重，欧美杂交种较抗病。

【防治方法】

①选用抗病品种。

②加强栽培管理：及时绑蔓摘梢、合理留枝，改善架面通风透光，要尽可能提高结果部位，以不利病菌的侵染蔓延；此外，疏花时剪去发病变黑的花穗可减少幼果的侵染；雨后及时排水，降低田间湿度，控制病菌侵染；每年秋冬季施足有机肥，果实发育期间追施适量磷、钾肥，保持植株旺盛长势，提高树体抗病能力。

③清洁田园减少越冬菌源：结合冬季修剪，剪除带病枝梢及病残体。

④药剂防治：葡萄炭疽病有明显的潜伏侵染现象，应提早喷药保护。a. 重视展叶前的防治：春天葡萄芽萌动时，对结果母枝喷铲除剂。所用药剂有：波美 3 度石硫合剂或 100 倍腐必清。对重病园可在发芽后再对结果母枝喷一遍 50% 福美甲胂（退菌特）500 倍液，消灭残余的越冬病菌。b. 开花前后可喷 1：0.7：240 的波尔多液或 78% 科博 500 倍，或用多菌灵 + 井冈霉素可湿性粉剂 800～1 000倍液，或用 75% 百菌清 600～800 倍液，或用 50% 甲基硫菌灵悬浮剂 800 倍液。c. 6 月下旬至 7 月上旬开始，每隔 10～15 天喷 1 次药，连喷 3～4 次，喷药的重点是保护果穗。施用杀菌力强的药剂，也可与保护性药剂如波尔多液，80% 喷克，50% 代森锰锌，或用 78% 科博等轮换交替使用，以免产生抗药性。注意雨后补喷强力杀菌剂，以杀死将要萌发侵入的孢子。d. 果穗套袋可明显减轻炭疽病的发生。e. 加黏着剂：在药液中加入 3 000倍的皮胶或其他黏着剂，减少雨水冲刷，提高药效。

三、葡萄白腐病

【症状】葡萄白腐病也叫腐烂病，是我国葡萄产区普遍发生的一种主要病害。阴雨连绵的年份，常引起大量果穗腐烂，对产量影响很大，损失率可达20%～60%。该病主要为害果穗（包括穗轴、果梗及果粒），也能为害新梢及叶片。接近地面的果穗尖端，其穗轴和小果梗最易感病。初发病，产生水浸状、淡褐色、不规则的病斑，呈腐烂状，发病1周后，果面密生一层灰白色的小粒点，病部渐渐失水干缩并向果粒蔓延，果蒂部分先变为淡褐色，后逐渐扩大呈软腐状，以后全粒变褐腐烂，但果粒形状不变，穗轴及果梗常干枯缢缩，严重时引起全穗腐烂；挂在树上的病果逐渐皱缩、干枯成为有明显棱角的僵果。果实在上浆前发病，病果糖分很低，易失水干枯，深褐色的僵果往往挂在树上长久不落，易与房枯病相混淆；上浆后感病，病果不易干枯，受震动时，果粒甚至全穗极易脱落，有明显的土腥味。枝蔓发病，在受损伤的地方、新梢摘心处及采后的穗柄着生处，特别是从土壤中萌发出的萌蘖枝最易发病。初发病时，病斑呈污绿色或淡褐色、水浸状、用手触摸时有黏滑感，表面易破损。随着枝蔓的生长，病斑也向上下两端扩展，变褐、凹陷，表面密生灰白色小粒点。随后表皮变褐、翘起、病部皮层与木质部分离，常纵裂成乱麻状。当病蔓环绕枝蔓一周时，中部缢缩，有时在病斑的上端病健交界处由于养分输送受阻往往变粗或呈瘤状，秋天上面的叶片早早变红或变黄，对植株生长影响很大。叶片发病，多在叶缘或破损处发生，初呈污绿色至黄褐色、圆形或不规则形水浸状病斑，逐渐向叶片中部蔓延，并形成深浅不同的同心轮纹，干枯后病斑极易破碎。天气潮湿时形成的分生孢子器，多分布在叶脉的两侧。该病最主要的特点是：无论病果、病蔓在潮湿的情况下，都有一种特殊的霉烂味。

【发生规律】病原菌以分生孢子器及菌丝体在病组织上越冬，散落在土壤中的病残体成为翌年初侵染的主要来源。土壤中的分生孢子器可存活2～7年。第二年初夏遇雨水后，分生孢子借助雨溅、风吹和昆虫等传播到当年生枝蔓和果实上，遇有水湿时分生孢子即可萌发，通过伤口或自然孔口侵入组织内部，进行初侵染。以后病斑上又产生分生孢子器并散射出分生孢子，反复进行再侵染。进入着色期和成熟期小果梗间由于蜜腺集中易积水，有利于孢子的萌发侵入，因此小果梗和穗轴易感病，且发病重。

发病时间因年份和各地气候条件不同而有早晚。初夏时降水的早晚和降水量的大小，决定了当年白腐病发生的早晚和轻重。发病程度以降水次数及降水量为转移，降水次数越多，降水量越大，病菌萌发侵染的机会就越多，发病率也越高。暴风雨、雹害过后常导致大流行。因此，高温、高湿是白腐病发生和流行有主要因素。清园不彻底，越冬菌累积量大，或管理不善，通风透光差；或土质黏重，地下水位高；或地势低洼，排水不良；或结果部位很低，50厘米以下架面留果穗多的果园发病均重，反之发病则轻；酸性土壤较碱性土壤易感病。

品种间抗病性也有差异，一般欧亚种易感病，欧美杂交种较抗病。

【防治方法】

①因地制宜选用抗病品种。

②做好清园工作，减少初次侵染源。a. 生长季节摘除病果、病蔓、病叶，冬剪时把病组织清除干净，集中烧毁或深埋。b. 春天浇透水后铺地膜，于葡萄植株两侧铺地膜，以隔离土壤中的病菌，减少侵染机会，同时起到保温、保水、保肥和灭草的作用。

③加强栽培管理：

a. 增施有机肥料，合理调节负载量，增强树势，提高树体

抗病力。b. 提高结果部位，第一道铁丝距地 50 厘米，以下不留果穗，以减少病菌侵染的机会。c. 生长期及时摘心、绑蔓、剪除过密枝叶或副梢和中耕除草，改善架向及架式，以利田间通风透光。注意雨后及时排水，降低田间湿度，减轻病害的发生。d. 花后对果穗进行套袋，以保护果实，避免病菌侵入。

④药剂防治

a. 土壤消毒：对重病果园要在发病前用 50% 福美双粉剂 200 倍液或用 3 波美度的石硫合剂喷洒地面，可减轻发病。b. 生长期的喷药防治：开花前后以波尔多液、科博类保护剂为主。必须在发病前 1 周左右开始喷第一次药，以后每隔 10～15 天喷 1 次，至果实采收前 20 天为止。所用药剂有：80% 喷克可湿性粉剂 800 倍液，70% 甲基硫菌灵超微可湿性粉剂 800 倍液、1：0.5：200 倍波尔多液，25% 戴挫霉乳油 1 500倍液、50% 福美双 800 倍液或 70% 代森锰锌 700 倍液等，均有良好的防治效果。使用以上杀菌剂时可交替轮换使用，避免用单一药剂而产生抗药性。

四、葡萄霜霉病

【症状】霜霉病在国内各葡萄产区分布很广，生长季节多雨潮湿的地区发生较重。流行年份，病叶焦枯，提早落叶，枝蔓不成熟，对产量及树势均有影响。

葡萄霜霉病主要为害叶片，也能侵染嫩梢、花序、幼果等绿色幼嫩组织。叶片受害，初期产生半透明、水浸状不规则形病斑，渐扩大为淡黄色至黄褐色多角形病斑，大小不一，常数个病斑连在一起，形成黄色、干枯大斑。环境潮湿时，病斑背面产生一层白色的霉层，即病原菌的孢囊梗及孢子囊。后期病斑干枯变褐，病叶易提早脱落。嫩梢、花梗、卷须、叶柄发病，与之相似，但病梢生长停滞，扭曲，甚至枯死。幼果感病，病部呈灰绿色，并生有白色霉层。感病果粒后期皱缩脱落。有时感病的部分穗轴或整个果穗也会脱落。

【发生规律】病菌主要以卵孢子在落叶中越冬。暖冬时也可附着在芽上和挂在树上叶片内越冬。卵孢子随腐烂叶片在土中能存活2年。翌年春天气温达11℃条件适宜时，卵孢子即可萌发产生游动孢子，借风雨传播到绿色组织上，由气孔、皮孔侵入，经7~12天的潜育期，又产生孢子囊，进行再侵染。土壤湿度大和空气湿度大的环境条件均有利霜霉病的发生。因此，降水是引起病害流行的主要因子。

病菌萌发、侵染均需要有雨水和雾露时才能进行。因此，春季和秋季的低温多雨的环境条件，均易引起病害的发生和流行。

葡萄不同的种和品种对霜霉病的感病程度不同，欧亚种葡萄高度感病，美洲葡萄较少感病，圆叶葡萄、沙地葡萄较抗病。另外，果园地势低洼，杂草丛生，通风透光不良，也易发病。

【防治方法】

①冬季清园，收集病叶、病果、病梢等病组织残体，彻底烧毁，减少果园中越冬菌源。

②加强果园栽培管理，尽量剪除靠近地面不必要的叶片，控制副梢的生长；保持良好的通风透光条件，降低果园湿度；此外，增施磷钾肥，均可以提高葡萄的抗病能力。

③药物防治。发病初期喷200倍液的石灰半量式波尔多液，50%克菌丹500倍液，65%代森锌500倍液，40%乙膦铝可湿性粉剂200倍液或25%甲霜灵可湿性粉剂1 000倍液，以后每隔10~15天喷1次，连续2~3次，可以获得较好的防治效果。以25%甲霜灵粉剂2 000倍液分别与代森锌或福双美1 000倍液混用，比单用效果更好，同时还可以兼治其他葡萄病害。利用甲霜灵灌根也有较好的效果。方法是在发病前用稀释750倍液的甲霜灵药液在距主干50厘米处挖深约20厘米的浅穴进行灌施，然后覆土，在霜霉病严重的地区每年灌根2次即可。用灌根法防治药

效时间长，不污染环境，更适合在庭院葡萄上采用。

五、葡萄根癌病

【症状】葡萄根癌病发生在葡萄的根、根茎和老蔓上。发病部分形成愈伤组织状的癌瘤，初发时稍带绿色和乳白色，质地柔软。随着瘤体的长大，逐渐变为深褐色，质地变硬，表面粗糙。瘤的大小不一，有的数十个瘤簇生成大瘤。老熟病瘤表面龟裂，在阴雨潮湿天气易腐烂脱落，并有腥臭味。受害植株树势衰弱，严重时植株干枯死亡。

【发生规律】根癌病为细菌性病害。该种细菌可以侵染苹果、桃、樱桃等多种果树，病菌随植株病残体在土壤中越冬，条件适宜时，通过各种伤口侵入植株，雨水和灌溉水是该病的主要传播媒介，苗木带菌是该病远距离传播的主要方式。细菌侵入后，刺激周围细胞加速分裂，形成肿瘤。一般 5 月下旬开始发病，6 月下旬至 8 月为发病的高峰期，9 月以后很少形成新瘤，温度适宜，降水多，湿度大，癌瘤的发生量也大；土质黏重，地下水位高，排水不良及冻害等都能助长病菌侵入，尤其冻害往往是葡萄感染根癌病的重要诱因。

品种间抗病性有所差异，玫瑰香、巨峰等高度感病，而龙眼、康太等品种抗病性较强。

【防治方法】

①繁育无病苗木是预防根癌病发生的主要途径。一定要选择未发生过根癌病的地块为育苗苗圃，杜绝在患病园中采取插条或接穗。在苗圃或初定植园中，发现病苗应立即拔除并挖净残根集中烧毁，同时用 1% 硫酸铜溶液消毒土壤。

②苗木消毒处理。在苗木或砧木起苗后或定植前将嫁接口以下部分用 1% 硫酸铜浸泡 5 分钟，再放于 2% 石灰水中浸 1 分钟；或用 3% 次氯酸钠浸 3 分钟，以杀死附着在根部的病菌。

③在田间发现病株时，可先将癌瘤切除，然后抹石硫合剂、福美双等药液，也可用30～50倍液的10%杀菌优或50倍液菌毒清消毒后再涂波尔多液。对此病均有较好的防治效果。

④田间灌溉时合理安排病区和无病区的排灌水的流向，以防病菌传播。

⑤生物防治。用MI农杆菌素，能有效地保护葡萄伤口不受致病菌的侵染。其使用方法是将葡萄插条或幼苗浸入50倍的MI15农杆菌素稀释液中30分钟或用K84菌株发酵产品制成的拮抗根癌病生物农药根癌宁30倍液浸根5分钟。在病株治疗时，可在刮除病瘤的部位贴附吸足30倍液根癌宁的药棉防治。

六、葡萄穗轴褐枯病

【症状】穗轴褐枯病也叫轴枯病，此病主要为害葡萄花穗的花梗、果穗的果梗、穗轴、分支穗轴及幼果。发病初期，先在花梗、穗轴或果梗上产生褐色水浸状斑点，扩展后，使果梗或穗轴的一段变褐坏死，不久便失水干枯变为黑褐色、凹陷的病斑。湿度大时，斑上可见褐色霉层。当病斑环绕穗轴或小分枝穗轴一周时，其上面的花蕾或幼果也将萎缩、干枯、脱落。发病严重时，几乎全部花蕾或幼果落光。幼果感病，病斑呈黑褐色、圆形斑点，直径为2～3毫米，病变仅限于果皮，随果粒逐渐膨大，病斑结痂脱落，对果实生长影响不大。

【发生规律】该病以分生孢子和菌丝体在结果母枝和散落在土壤中的病残体上越冬。当花序伸出至开花前后，病菌借风雨传播，侵染幼嫩穗轴及幼果。5月上旬至6月上中旬的低温多雨有利于病菌的侵染蔓延。病菌为害幼嫩的花蕾、穗轴或幼果，使其萎缩、干枯，造成大量落花落果。一般减产10%～30%，严重时减产40%以上。当果粒长到黄豆粒大小时，则病害停止侵染发病。南方的梅雨天气，有利于该病的发生蔓延。另外，地势低

注，管理不善，通风透光差的果园发病重。巨峰是易感品种，康拜尔、新玫瑰、龙眼、玫瑰露等抗病。

【防治方法】

①冬季修剪后彻底清洁田园，将病残集中烧毁或深埋。并把果园周围的杂草、枯枝落叶清除干净，减少越冬菌源。

②葡萄芽萌动后，喷铲除剂波美3度石硫合剂，重点喷结果母枝，消灭越冬菌源。

③在花序伸长至幼果期，及时喷50%多菌灵可湿性粉剂800倍液，或用75%百菌清800倍液，或70%甲基硫菌灵可湿性粉剂1 000倍液，或用80%大生M45可湿性粉剂800倍液，或用50%扑海因可湿性粉剂1 000倍液，或用25%戴挫霉乳油1 500倍液，连喷2～3次，把病害消灭在初发阶段，并可兼治葡萄灰霉病、黑痘病、白腐病等。

七、葡萄酸腐病

葡萄酸腐病已成为法国葡萄重要病虫害之一，如果防治不利，可造成50%～70%的损失。近年来，我国山东、河北、河南、天津等地均有发生，如不加以重视和防治，葡萄酸腐病将成为我国葡萄果实的重大病害。

【症状】感病果粒褐色或红色，果穗松散；烂果流坏水并有醋酸味，烂果里面可以见到白色的小蛆（醋蝇，果蝇属），烂果粒、穗外面附有会飞的小蝇子（体长4毫米左右），烂果后期只剩带种子的空壳。导致产量和果实含糖量降低。

【发病规律】伤口侵入，如冰雹、风、蜂、鸟或病害造成的伤口及导致果穗周围高湿度的各种因素（湿度大的风、叶片过密等）是发生该病的前提条件。酵母菌—细菌—醋蝇三者共同作用发病，即醋酸酵母和细菌是产生病症的主要原因，即酵母把糖转化为乙醇，然后需氧细菌把乙醇氧化为乙酸，乙酸的气味引诱醋蝇，醋蝇飞来飞去传播病害孢子而成为传病介体。传播途径包括外部（表皮）和内部（病菌经过肠道后照样能成活）。

世界上有1 000种醋蝇，其中，法国有30种；一头雌蝇一天产20粒卵（每头可以产卵400~900粒卵）；一粒卵在24小时内就能孵化；3天可以产生新一代成虫；对杀虫剂产生抗性的能力非常强（如敌杀死、二嗪农等）。

【防治方法】以防病为主，病虫兼治。一要加强综合管理，增强抗病能力。二要及时剪除烂果并深埋。三要加强喷药防治，“必备”是目前最优秀的杀菌剂（对真菌、细菌有效），为AA级无公害农药。封穗期用80%的可湿性粉剂“必备”400倍液，转色期400倍液“必备”与3 000倍液歼灭混合使用，成熟期再用一次400倍液“必备”可较好地防治酸腐病。

八、葡萄灰霉病

【症状】葡萄灰霉病菌主要侵染花序、幼果和将要成熟的果实，也能侵染新梢、叶片、果梗。成熟的果实也常因该病菌的潜伏存在，而成为贮藏、运输和销售期间引起果实腐烂的主要病害。在用葡萄酿酒时若不慎混入了灰霉病的病果，在发酵中由于病菌的分泌物，能造成红葡萄酒颜色的改变，并影响酒的质量。

花序、幼果感病，先在花梗、小果梗上或穗轴上产生淡褐色、水浸状病斑，后变暗褐色软腐。天气潮湿时，病处长出一层鼠灰色的霉状物，此为病原菌的分生孢子梗和分生孢子。天气干燥时，感病的花序、幼果逐渐失水、萎缩，最后干枯脱落，造成大量落花、落果，甚至整穗落光。新梢及叶片感病，产生淡褐色、不规则的病斑，在病叶上有时出现不太明显的轮纹，后期病斑上也出现灰色霉层。果实上浆后感病，果面出现褐色凹陷病斑，扩展后整个果实腐烂，先在果皮裂缝处产生灰色孢子堆，后蔓延到整个果实，便长出鼠灰色霉层。

【发生规律】病菌以菌核、分生孢子和菌丝体随病残组织在土壤中越冬。该病原菌是一种寄主范围很广的兼性寄生菌，多种水果、蔬菜和花卉都发生灰霉病，因此病害初侵染源除葡萄园内的病果、病枝等越冬病残体外，其他场所的越冬病菌，也能成为葡萄灰霉病的初侵染源。菌核和分生孢子抗逆性很强，越冬以后，翌春在条件适宜时，即可萌发产生新的分生孢子。新、老分生孢子通过气流传播到花穗上，在有外渗物作营养的情况下很易萌发，通过伤口、自然孔口及幼嫩组织侵入寄主，进行初次侵染。春天主要侵染花序及幼果。初侵染发病后又长出大量新的分生孢子，又靠气流传播进行多次再侵染。

该病有两个明显的发病期，第一次发病在 5 月中旬至 6 月上旬（开花前及幼果期）主要为害花及幼果，这时的低温多湿条件易引起大发生，造成大量落花落果。第二次发病期在果实着色至成熟期，如果这时阴雨连绵或久旱后遇暴雨，病菌最易从伤口侵入浆果，并产生灰色霉层。鲜食葡萄在贮藏期间，如库温高，湿度大，通风不良，灰霉病发生严重。此外，排水不良，土壤黏重，枝叶过密，通风透光不良均能促进发病。

近年来，我国北方在设施栽培葡萄方面发展很快，但在温度高、湿度大、通风较差的温室和大棚内，该病发生也较重。

【防治方法】

①加强栽培管理勿偏施氮肥，防止新梢徒长；及时进行夏季修剪，对生长过旺的品种可喷布生长抑制剂，控制营养生长；做好旱灌排涝工作，减少裂果；发病期间及时剪除病花穗和病果，减少再次侵染。

②彻底清园并集中烧毁病残体，减少越冬菌源；做好越冬休眠期的防治，对结果母枝喷铲除剂，可结合防治炭疽病、白腐病进行。

③药剂防治：在花前和谢花后连喷 2 ~ 3 遍 50% 多菌灵可湿

性粉剂800～1 000倍液，或用70%甲基硫菌灵可湿性粉剂800倍液，或用25%戴挫霉乳油1 500倍液，或用50%苯菌灵1 000倍液，或用70%代森锰锌可湿性粉剂700倍液，均有较好的防治效果。

④对贮藏期葡萄病害的防治在果实采收前淋洗式喷布25%戴挫霉乳油1 500倍液，晾干后采摘。在包装时用二氧化硫处理或用碘化钾纸包装，能有效地控制灰霉病的发生。

九、葡萄白粉病

葡萄白粉病发生比较普遍，流行年份对果实品质和产量往往造成很大损失。同时还影响枝条的生长发育及葡萄第二年的生长发育。

【症状】白粉病病菌可侵染葡萄所有的绿色组织。叶片被害时，呈现大小不等的褪绿斑块，之后产生白色粉状物覆盖在病斑上，后期粉斑下的叶表面呈褐色花纹，严重时叶片焦枯脱落。有时在病斑上产生黑色小粒点，幼叶感病后常皱缩、扭曲，且发育缓慢。穗轴感病后组织变脆、易断。

幼果感病，果面布满白粉，果粒易枯萎脱落，有的果面出现黑褐色网状花纹。病果停止生长，畸形，果肉质地变硬、味酸，果粒易开裂引起腐烂。

【发生规律】葡萄白粉病菌以菌丝体在被害组织内或芽鳞间越冬。第二年环境条件适宜时产生分生孢子，借风力传播到当年生绿色组织上，萌发并直接侵入寄主，进行初次侵染。病菌可以在6～32℃温度范围内生长，侵染和蔓延的适宜温度是20～27℃，分生孢子萌发的最适温度为25～28℃，孢子萌发的温度范围为4～35℃。相对湿度较低时，分生孢子也可萌发。当气温在29～35℃时病害发展最快。当空气相对湿度大于40%时适合分生孢子的萌发和侵染，因此，高温闷热多云的天气最易于该病

害的发生和流行。

弱光和散射光有利于该病害的发生，强光可抑制孢子的萌发。栽植过密、绑蔓摘心不及时、偏施氮肥、通风透光不良均有利于发病。一般美洲系葡萄及其杂交种表现抗病，欧洲系葡萄易感病。

【防治措施】

①加强栽培管理：生长期及时绑蔓、剪梢，改善架面通风透光条件；勿偏施氮肥；结合冬季修剪，剪除病枝蔓，并彻底清扫田园，减少菌源。

②药剂防治：春天葡萄芽萌动后展叶前结合防治其他病害，一定要喷铲除剂。波美 3 度石硫合剂或 45% 晶体石硫合剂 40 ~ 50 倍液等，以铲除越冬病菌。于发病初期喷布 1：0.5：(200 ~ 240) 倍波尔多液，或用 70% 甲基硫菌灵 1 000倍液，或用 25% 三唑酮 1 500倍液，或用 40% 硫磺胶悬剂 400 ~ 500 倍液等，对白粉病都有良好的防治效果，并可兼治短须螨及介壳虫。

白粉病对硫制剂敏感。因此，石硫合剂、硫磺胶悬剂、硫菌灵、三唑酮等都是防治该病的理想药剂。只要防治及时，都能控制住该病的发生蔓延。

十、葡萄房枯病

房枯病又叫粒枯病、穗枯病，是葡萄果实的重要病害之一，在国内各葡萄产区均有发生，但仅局部地区为害严重。

【症状】该病主要为害果实、果梗及穗轴，严重时也能为害叶片。初发病时，先在果梗基部产生淡褐色椭圆形病斑，逐渐扩大后，变为褐色，并蔓延到穗轴上和果粒上，使穗轴萎缩干枯；果粒发病，首先以果蒂为中心形成淡褐色同心轮纹状病斑，有时轮纹不明显，由果蒂部分失水而皱缩，后扩展到整个果面变褐、软腐，病斑表面产生稀疏而较大的黑色小粒点，最后干缩成灰褐色的僵果，挂在树上长期不落。叶片受害，最初呈红褐色圆形小斑点，逐渐扩大后边缘褐色，中部灰白色，后期病斑中央散生小黑点。房枯病病果与黑腐病、苦腐病较难区别，从外观上看房枯病果的小黑粒点分布稀疏、颗粒较大，小粒点半埋于果粒表皮下。苦腐病果上的小黑粒点较小，分布很密。黑腐病果的小黑粒点小，分布密而均匀，并且小黑粒点是在果实表皮以下，病果干枯后多呈蓝灰色。

【发病规律】病菌以分生孢子器和子囊壳在病果或病叶上越冬。翌年5～6月放出分生孢子或子囊孢子，借风雨传播到果穗上，进行初次侵染。分生孢子在24～28℃经4小时即能萌发。子囊孢子在25℃经5小时萌发。病菌发育的温度范围为9～40℃，但以24～28℃最适于发病。

该病从7月份开始发生，7～9月发病最多，果实越接近成熟期越易发病。一般欧亚种葡萄较易感病，美洲系的葡萄发病较轻。在果实着色前后，高温多雨的天气，最有利于病害的发生。

【防治方法】

①清除田间菌源。房枯病多在葡萄生长后期的果穗上发生，高温多雨的夏季最易流行，因此及时剪除病果并深埋非常重要。另外，病果、病枝是该病菌的越冬场所。冬季修剪后的清园也很重要。

②药剂防治结合白腐病、炭疽病一同兼治。

十一、葡萄黑腐病

该病在国内各葡萄产区都有发生，除个别地区外，一般为害不严重。

【症状】此病多在果实近成熟期发病较多。除侵染果实外，在整个生长期内，也能侵染叶片、叶柄和新梢。果穗发病，多在小分穗上发生，整穗发病的较少，当病果干缩成僵果时，果穗的

其他部分照常生长发育，而干枯病果可长期不落。果实发病，最初呈现紫褐色小斑点，逐渐扩大后，边缘呈褐色，中部呈灰白色，稍凹陷。病果逐渐软腐，后失水皱缩，病果表皮下密生黑色小粒点（病原菌的分生孢子器），并逐渐突破表皮，最后干缩成蓝灰色的僵果。

叶片发病时，开始在叶脉间产生红褐色近圆形的小斑点，直径约为2～3毫米。病斑扩大后，中央灰白色，外部褐色，边缘黑色，后期病斑上产生许多小黑粒点，沿病斑排列成环状。

新梢及叶柄感病，初为椭圆形、深褐色病斑，稍凹陷，其上散生黑色小粒点，但不如叶上排列整齐。

【发生规律】葡萄黑腐病菌以子囊壳或分生孢子器在病僵果及病枝梢上越冬。翌年春末夏初环境潮湿时，子囊壳吸水膨胀，不断释放出子囊孢子；分生孢子器吸水后同样放射出分生孢子，均为初次侵染的菌源。子囊孢子和分生孢子借风雨传播。分生孢子生活力强，萌发的温度范围为7～37℃，适温为23℃左右，在适宜的温湿度范围内，经10～12小时即可萌发。成熟的分生孢子器遇3毫米或更多的降水时，即放射分生孢子。若降水持续1小时以上最适于分生孢子的扩散。当气温在26.5℃时，持续湿润6小时即发生叶感染，但在10℃条件下需要24小时，32℃时需要12小时。

子囊孢子萌发侵染的环境条件与分生孢子相似。子囊孢子需要游离的水萌发，在27℃经6小时即可萌发，这也是适宜侵染叶片的环境条件。气温较低（10～21℃）则需较长的侵染时间。32℃侵染停止。

葡萄发病后，不断形成新的分生孢子器和分生孢子，并进行再侵染。病菌在果实上的潜育期为8～10天，叶及新梢上为20天。温暖潮湿的夏季易大发生。

【防治方法】参照白腐病、炭疽病。

十二、葡萄苦腐病

葡萄苦腐病在我国局部地区发生，在个别品种上发生为害严重。山东省平度市的龙眼、白羽品种上已有发生，有的年份发生为害严重，造成一定的损失。一般为害不大。其他葡萄产区尚未见报道。

【症状】此病主要为害当年生新梢叶片和果穗。新梢发病时，先在新梢基部第一、第二节叶柄基部出现浅褐色、边缘不清晰的病斑，后蔓延至叶柄，当病斑环绕叶柄 1 周后，整个叶片连同叶柄下垂、萎蔫、干枯，但不脱落。接着第二、第三、第四……片叶相继干枯下垂，这时往往蔓延到穗柄，使整个果穗受害。同时新梢的基部逐渐变为灰白色，上面着生黑色小粒点，为病原菌的分生孢子器。其新梢上端仍正常生长。

果实发病，病菌通常从果梗侵入，逐渐向暴粒蔓延，在近果蒂处产生一小块白色的斑痕，后逐渐扩大软腐，在白色品种上常出现环纹状排列的分生孢子盘，在整个果粒发病时更为明显。深色品种的果粒表面常表现粗糙，有小泡，内有分生孢子盘，2 ~ 3 天，果粒软腐，并易脱落。此时病果有苦味，苦腐病由此而得名。不脱落的果粒则继续变干，牢固地固着在穗上，苦味也不明显。皱缩以后的病果与黑腐病、炭疽病、房枯病难于区别。果实近成熟期该病蔓延迅速，易引起软腐。

【发生规律】苦腐病的病原菌以分生孢子盘和菌丝体在病果、病枝等病残体上越冬，翌年春天条件适宜时，分生孢子借雨水、风力传播，进行初侵染。初侵染发病后，感病部位又形成新的分生孢子盘和产生新的分生孢子，可进行多次再侵染。该病在山东平度市有 2 次发病高峰，第一个高峰大约在 6 月底、7 月初，于新梢基部和叶片上出现症状，第二个发病高峰主要为害果实，大多发生在葡萄着色以后，这时病情发生蔓延很快，往往几天就

蔓延到全穗，对产量影响很大。据资料报道，病菌从葡萄落花后，果梗形成木栓化皮孔疣突时开始，病菌侵染这些疣突的死细胞，并潜隐至果粒成熟。然后侵染果梗并转移到果粒，4 天内便形成分生孢子。分生孢子通过伤口、自然孔口等侵入，不断进行再次侵染。因此，蔓延迅速。

病菌生长发育的温度范围为12～36℃，其中，28～30℃最适宜，36℃以上菌丝生长受到抑制。因此，葡萄生长后期正处于高温多雨的夏季，所以，发病迅速而严重。

【防治方法】防治该病的关键是清除病菌越冬菌源、对结果母枝喷铲除剂和葡萄生长前期注意对新梢基部喷药。这在防治葡萄炭疽病、白腐病的过程中可兼治苦腐病。生长期所用药剂有50%多菌灵可湿性粉剂 800～1 000倍液，50%福美甲胂（退菌特）可湿性粉剂 500～800 倍液，75%百菌清可湿性粉剂 500～800 倍液，均可有效的控制该病的发展蔓延。

十三、葡萄褐斑病

葡萄褐斑病又分成两种，即大褐斑病和小褐斑病。葡萄大、小褐斑病在我国各葡萄产区往往同时发生，在多雨年份和管理粗放的葡萄园，特别是果实采收后忽视喷药防治病害的葡萄园，容易引起这两种病的大量发生。该病主要为害叶片，造成早期落叶，削弱树势，影响葡萄芽的分化和第二年的产量。

【症状】大褐斑病的症状特点常因葡萄的种和品种不同而异。在美洲种葡萄的叶上呈现圆形或不规则形病斑，边缘红褐色，中部暗褐色，后期病斑背面长出灰色或暗褐色霉状物。在欧亚种群如甲州、龙眼品种上，呈近圆形或多角形病斑，边缘褐色，中部有黑色圆形环纹，边缘最外层呈暗色湿润状。直径一般在 3～10 毫米，一个叶片上可长数个至数十个大小不等的病斑。发病严重时，病叶干枯破裂，以致早期落叶。

小褐病症状特点：病斑直径 2～3 毫米，大小比较一致。病斑的边缘呈深褐色，中间颜色稍浅。后期病斑背面产生一层明显的黑色霉状物。这是该病的分生孢子梗及分生孢子。病情严重时，许多病斑融合在一起，形成大斑，最后使整个叶片干枯、脱落。

【发生规律】大、小褐斑病的发生规律基本一致。病原菌主要以菌丝或分生孢子在落叶上越冬。第二年夏季产生新的分生孢子，新、老分生孢子借风雨传播到植株的叶片上，在高温高湿的情况下，孢子萌发后，多从植株下部叶片背面的气孔侵入，潜育期 20 天左右。此病自 6 月开始发生，条件适宜时，可发生多次再侵染，8～9 月为发病盛期。一般是近地面的叶片先发病，逐渐向上蔓延为害。

高温多雨是该病发生和流行的主要因素。因此，夏秋多雨地区或年份发病重；管理粗放，田间小气候潮湿，树势衰弱的果园发病就重。

【防治措施】

①消灭越冬菌源。秋季落叶后，彻底清除落叶，集中烧毁或深埋。

②加强果园管理。及时绑蔓、打副梢，改善通风透光条件；增施磷、钾肥，提高树体抗病力。

③喷药保护。一般结合防治黑痘病、白腐病进行防治。注意喷布下部叶片和叶背面。无须专门喷药。

十四、葡萄蔓割病

蔓割病又叫蔓枯病，是局部地区和个别品种上的一种重要病害，但一般不严重。该病主要为害枝蔓，削弱树势，引起减产和降低葡萄品质。严重时，病枝经 2～3 年枯死。

【症状】该病主要为害当年生新梢，特别是从基部发出的萌

蘖枝，感病尤重。病菌有潜伏侵染的特性，病菌侵入幼嫩的组织后，菌丝体潜伏在新梢的皮层内，不影响新梢的生长，当年不表现症状，从外表看不出异常。越冬后于翌年春天，一年生病枝的皮层变为黑褐色，随枝的生长加粗，病部组织坏死而呈凹陷状，病斑沿维管束蔓延，然后表皮翘起，皮下产生黑色小粒点为病原菌的分生孢子器。严重时，翌年春天不能发芽或发芽后生长衰弱直至枯死。

病菌侵染多年生枝蔓时，初呈红褐色椭圆形病斑，稍凹陷，逐渐扩大呈梭形，表面密生小黑粒点，即病菌的分生孢子器。秋后，病部纵裂呈丝状，并腐朽直到木质部，有时需要几年的时间。病部上端的新梢生长衰弱，节间缩短，叶片、果穗、果粒变小，有时叶片变黄以至萎缩。若冬季干旱或埋土不严，翌年春天病蔓发生纵向干裂而枯死。有时也能抽出新梢，但在 1～2 周也会突然萎蔫。

分生孢子器无论是在一年生枝上还是在多年生枝上，在潮湿的情况下，都溢出白色或黄色蜷曲状或黏胶状的分生孢子角。

果粒感病后，病部稍变灰色，后期密生黑色小粒点，为病原菌的分生孢子器，后逐渐干缩成僵果，近似房枯病；果梗受侵则枯死；新梢、叶柄或卷须受病后，呈现出很小的褐色病斑，逐渐发展连成一片。

【发生规律】蔓割病菌主要以分生孢子器或菌丝在病蔓上越冬。翌年 5～6 月，分生孢子器吸湿后，从孔口中涌出白色至黄色丝状或黏胶状孢子角，遇雨后孢子角消解，分生孢子借风雨传播到寄主上，经伤口、皮孔、气孔侵入，病菌潜育期较长，1 个月左右。病菌沿维管束蔓延。菌丝在寄主体内为害韧皮部的薄壁细胞和筛管以及木质部的髓线细胞，病菌夺取寄主的养分后，病部外表呈现下陷和纵裂，1～2 年后，植株才出现矮化和黄化现象，严重时全蔓枯死。

冬季埋土时枝蔓扭伤处和修剪时的剪口处最易感病。欧亚种葡萄发病较多，如佳里酿、龙眼、法国兰、红玫瑰等。另外地势低洼、排水不良，土壤瘠薄、肥力不足、树势很弱，遭受冻害或埋土时有扭伤的葡萄园发病重。

【防治措施】

①加强田园管理。注意排水，改良土壤，多施有机肥，增强树势，提高树体抗病力。冬季埋土时，加强防寒措施，防止扭伤和根部病害，减少伤口和病菌侵入的机会。

②刮除病蔓。生长期勤检查，发现病蔓可进行刮治，先用利刀将病部刮除干净，直到出现健康组织为止。并将病残体收集起来深埋或烧毁，然后在伤口处涂上石硫合剂渣子，将伤口封好，以杀死病菌。对发病严重的病蔓可从地面锯掉，促使重发新枝。

③药剂防治。春天葡萄上架后，结合防治其他病害可喷铲除剂，如波美 3 度的石硫合剂并要喷匀。5 ~ 6 月分生孢子散发前可喷 1 : 0. 7 : 200 倍波尔多液 1 ~ 2 次，预防病菌侵染。也可喷 50% 福美甲胂（退菌特）可湿性粉剂 600 ~ 800 倍液等，重点喷结果母枝及多年生枝蔓。

十五、葡萄溃疡病

由葡萄座腔菌科（Botryosphaeriaceae）引起的葡萄溃疡病近年来日益严重，在埃及、美国、匈牙利、法国、意大利、葡萄牙、西班牙、南非、智利、黎巴嫩、澳大利亚和中国等 14 个国家均有报道。近年中国葡萄主产区葡萄溃疡病发生严重。

【症状】葡萄溃疡病引起果实腐烂、枝条溃疡，果实出现症状是在果实转色期，穗轴出现黑褐色病斑，向下发展引起果梗干枯致使果实腐烂脱落，有时果实不脱落，逐渐干缩；在田间还观察到大量当年生枝条出现灰白色梭形病斑，病斑上着生许多黑色小点，横切病枝条维管束变褐；有时叶片上也表现症状，叶肉变

黄呈虎皮斑纹状；也有的枝条病部表现红褐色区域，尤其是分支处比较普遍。

【病原】葡萄溃疡病主要是由葡萄座腔菌属的真菌（*Botryosphaeria* sp.）引起的，该属的无性型主要特征为在PDA培养基上菌落为圆形，菌丝体埋生或表生，致密，颜色为深褐色或灰棕色。培养数天产生分生孢子器，聚生或单生，单腔。分生孢子长圆形或纺锤形，初始时为无色无隔，有的种会随着菌龄增长而颜色加深变为深棕色，并且具有不规则经向纹饰的单隔。

【发病规律】病原菌可以在病枝条、病果等病组织上越冬越夏，主要通过雨水传播，树势弱容易感病。

【防治方法】

①及时清除田间病组织，集中销毁。

②加强栽培管理，严格控制产量，合理肥水，提高树势，增强植株抗病力；棚室栽培的要及时覆盖薄膜，避免葡萄植株淋雨。

③拔除死树，对树体周围土壤进行消毒；用健康枝条留作种条，禁用病枝条留种条。

④剪除病枝条及剪口涂药：剪除病枝条统一销毁，对剪口进行涂药，可用甲基硫菌灵、多菌灵等杀菌剂加入黏着剂等涂在伤口处，防治病菌侵入。

第二节　葡萄主要虫害及其防治

据资料介绍，为害葡萄的虫害有300多种，国内为害较重的有10余种，它们不同程度地为害葡萄枝干、叶和果实，如不及时防治，易造成重大损失。

一、葡萄斑叶蝉

葡萄斑叶蝉又名葡萄二星叶蝉、二星浮尘子。

【为害症状】寄主植物有葡萄、苹果、梨、桃、樱桃、山楂、桑等。成虫和若虫刺吸叶片汁液，被害叶呈现失绿小点，严重时叶色苍白，提早脱落。

【发生规律】在山东1年发生3代。以成虫在枯叶、灌木丛等隐蔽场所越冬。成虫最早于4月上旬开始活动，先为害发芽早的果树，待葡萄展叶后即开始为害葡萄叶片。第二、三代成虫分别发生于6月下旬至7月和8月下旬，10月下旬以后成虫陆续开始越冬。

【防治方法】

①合理修剪，注意通风透光，清除杂草和杂生灌木，减少成虫越冬场所。

②药剂防治。在春季成虫出蛰尚未产卵和5月中下旬第一代若虫发生期进行喷药防治。常用药剂有：50%敌敌畏乳剂2 000倍液，或用50%杀螟硫磷1 000倍液，或用50%辛硫磷乳剂1 000倍液可有效地杀灭成虫、若虫和卵，且对人畜较为安全。

③为充分发挥天敌寄生蜂的天然控制作用，葡萄园药剂防治应集中在前期进行，生长后期尽量少用农药，以保护天敌。

二、葡萄瘿螨

葡萄瘿螨又名葡萄锈壁虱、葡萄毛毡病。

【为害症状】主要为害葡萄。成、若虫在叶背刺吸汁液，初期被害处呈现不规则的失绿斑块。叶表面形成斑块状隆起，叶背面产生灰白色茸毛。后期斑块逐渐变成褐色，被害叶皱缩变硬、枯焦。毛毡病在高温干旱的气候条件下发生更为严重。

【发生规律】以成虫潜藏在枝条芽鳞越冬，春季随芽的开

放，成虫爬出并侵入新芽为害，不断繁殖扩散。近距离传播主要靠爬行和风、雨、昆虫携带，远距离主要随着苗木和接穗的调运而传播。

【防治方法】

①早春葡萄发芽前、芽膨大时，喷3～5度（波美度）石硫合剂，杀灭潜伏在芽鳞内的越冬成虫，即可基本控制为害；严重时发芽后还可再喷1次1 000倍液50%辛硫磷或50%杀螟硫磷1 000倍液。

②葡萄生长初期，发现被害叶片立即摘除烧毁，以免继续蔓延。

③对可能带虫的苗木、插条等在向外地调运时，可采用温汤消毒，即把插条或苗木的地上部分先用30～40℃热水浸泡3～5分钟，再移入50℃水中浸泡5～7分钟，即可杀死潜伏的成虫。

三、葡萄透翅蛾

【为害症状】幼虫蛀食葡萄枝蔓髓部，被害部明显肿大，并致使上部叶片发黄、果实脱落，被蛀食的茎蔓容易折断枯死。

【发生规律】每年发生1代，以老熟幼虫在葡萄蔓内越冬。翌年4～5月化蛹，蛹期约一个月，6～7月羽化为成虫，产卵与当年生枝条的叶腋，嫩茎、叶柄及叶脉等处，卵期约10天。初期幼虫自新梢叶柄基部的茎节初蛀入嫩茎内，幼虫在髓部向下蛀食，将虫粪排出堆于蛀孔附近。嫩枝被害处显著膨大，上部叶片枯黄。当嫩茎被食空后，幼虫又转至粗枝中为害，一年内可转移1～2次。幼虫为害至9～10月，然后老熟，并用木屑将蛀道底部4厘米以上堵塞，在其中越冬。越冬后幼虫在距蛀道底部约2.5厘米处蛀一羽化孔，并吐丝封闭孔口，在其中筑蛹室化蛹。成虫羽化时常将蛹壳带出一半露在孔外。

成虫夜间活动，白天潜伏在叶背面和草丛中，飞翔力强，有趋光性。

【防治方法】

①结合冬季修剪剪除被害枝蔓，及时烧毁。

②发生严重地区，可进行药剂防治，于成虫期和幼虫卵化期喷布50%杀螟硫磷乳油1 000倍液，并可用黑光灯诱杀成虫。

③ 6~8月幼虫为害期，经常检查枝蔓，发现有肿胀和有虫粪的被害枝条，及时剪除烧毁。对被害主蔓和大枝可采用铁丝刺杀，或用50%敌敌畏乳剂500倍液，或用杀螟硫磷1 000倍液由蛀孔灌入，并用黄泥将蛀孔封闭，熏杀蛀孔幼虫。

四、斑衣蜡蝉

【为害症状】最喜食葡萄、臭椿和苦楝。成、若虫刺吸嫩叶和枝干汁液，排泄液黏附于汁液和果实上，引起污煤病而使表面变黑，影响光合作用，降低果品质量。

【发生规律】每年发生1代，以卵块在葡萄枝蔓及支架上越冬。越冬卵一般于4月中旬开始孵化，若虫期约60天，6月中下旬出现成虫，8月中下旬交尾产卵。成虫寿命长达4个月，10月下旬逐渐死亡。成、若虫都有群集性，常在嫩叶背面为害，弹跳性强，受惊即跳跃逃避。卵多产于枝蔓和架杆的阴面。

【防治方法】

①结合冬剪，在枝蔓及架桩上搜寻卵块压碎杀灭。

②若虫和成虫期可喷布50%敌敌畏乳剂1 000倍液或50%杀螟硫磷乳油2 000倍液。

③建园时应远离臭椿和苦楝等杂木。

五、绿盲蝽

【为害症状】绿盲蝽以成虫或若虫为害葡萄的幼芽、嫩叶和花序。它利用刺吸式口器吸食汁液，被害处初期出现白色小点，

后渐变成黑褐色小点，局部组织死亡皱缩，叶片逐渐长大，被害处出现破洞，边缘曲折，造成叶片破烂，果粒被害初期布满小黑点，后期呈疮痂状，重者果粒开裂。

【发生规律】山东每年发生4~5代，以卵在园边蓖麻残茬内或附近苹果、海棠、桃树等果树的断枝及疤痕处越冬，以若虫或成虫为害发芽的葡萄，持续为害30多天，之后成虫迁飞到葡萄园外杂草或其他植物上为害繁殖。8月下旬出现第4代或第5代成虫，10月上旬产卵越冬。

【防治方法】及时清除葡萄园周围杂草，消灭虫源，在葡萄展叶时，如发现若虫为害及时喷10%歼灭乳油2 000~3 000倍液或50%辛硫磷乳油1 500倍液。

六、葡萄短须螨

葡萄短须螨又名葡萄红蜘蛛。

【为害症状】虫体多集中在葡萄叶背基部和主、侧脉两侧及新梢、果穗处。受害的嫩梢、叶柄、穗轴表皮变褐色，粗糙变脆易折断；叶片受害为淡黄色，并由褐色变红色，最后焦枯脱落；果粒受害果皮龟裂呈铁锈色，含糖量降低而含酸量增高，影响着色和品质。

【发生规律】山东省每年发生6代以上，以成虫在老皮裂缝内、叶腋和芽鳞内越冬。4月中下旬出蛰为害，5月初产卵，7~8月为害最重。

【防治方法】苗木定植前用3~5波美度的石硫合剂浸泡3~5分钟，晾干后定植；葡萄萌芽前喷3波美度石硫合剂混加0.3%洗衣粉，淋洗或喷雾；生长季节喷300~400倍硫磺胶悬液或0.2~0.3波美度石硫合剂或20%灭扫利3 000~4 000倍液，或用2.5%功夫乳油3 000倍液。

七、介壳虫类

【形态特征】介壳虫的种类繁多，构造和习性的变异很大，介壳虫类为小型昆虫，体长0.5～0.7毫米，雌虫身体没有明显的头、胸、腹3部分之别，无翅、属渐变态，雄虫属过渡变态，寿命短，交配后即死去。介壳虫的体表常覆盖有蚧壳，或披上各种粉状和绵状等蜡质分泌物。

【为害症状】成虫和若虫在叶背、果实及果穗内小穗轴、穗梗等处刺吸汁液，果粒或穗梗受害，表面呈棕黑色油渍状，不易被雨水冲洗掉，发生严重时，整个果穗被白色棉絮物所填塞，被害果粒外观差，含糖量低，甚至失去商品价值。

【防治方法】合理修剪，防止枝叶过密，以免给介壳虫，造成适宜的环境；清除枯枝、落叶和剥除老皮，刷除越冬卵块，集中烧毁；生长季节喷3%蜡蚧灵可湿性粉剂1 000倍液或，25%功夫乳油5 000倍液，或用20%灭扫利3 000～4 000倍液进行防治。

八、金龟子类

金龟子种类繁多：食性杂，为害习性和部位也各不相同，有苹毛金龟子、东方金龟子、铜绿金龟子等。

【发生规律与为害症状】成虫一般昼伏夜出，傍晚最多，一般午后7～11个小时出土为害葡萄嫩叶、幼苗和果实，初龄幼虫主要取食葡萄须根，稍大后取食根系，被害葡萄树势衰弱，产量降低甚至全株死亡。

【防治方法】组织人工捕杀或灯光、诱杀成虫，喷50%辛硫磷1 000倍液，或用10%歼灭3 000～4 000倍液，或用50%杀螟硫磷（杀螟松）1 000～1 500倍液防治成虫；在树冠周围撒100倍液敌敌畏毒土、每株120～200克防治幼虫和蛹。

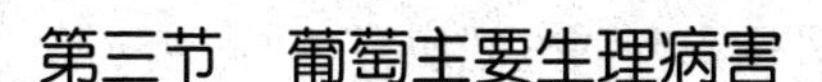

第三节　葡萄主要生理病害

葡萄生理病害是指因栽培和生理性原因形成的一些症状。近年来，由于新品种的不断增加和栽培技术的参差不齐，各种不同的生理病害有逐年加重的趋势，防治葡萄生理病害已成为当前葡萄生产上的一项重要任务。

一、葡萄水罐子病

葡萄水罐子病也称转色病，是葡萄上常见的生理病害，尤其在玫瑰香等品种上尤为严重。

【症状】水罐子病主要表现在果粒上，一般在果粒着色后才表现出症状。发病后有色品种明显表现出着色不正常，色泽淡；而白色品种表现为果粒呈水泡状，病果糖度降低，味酸，果肉变软，皮肉与果皮极易分离，成为一包酸水。用手轻捏，水滴成串溢出。发病后果柄与果粒处易产生离层，极易脱落。病因主要是营养不足和生理失调。

【发病规律】一般在树势弱、负载量过多、肥料不足和有效叶面积小时，该病易发生；地下水位高或成熟期遇雨，尤其是高温后遇雨，田间湿度大时，此病尤为严重。

【防治方法】

①加强土肥水管理，增施有机肥料和根外喷施磷、钾肥，及时除草，勤松土。

②控制负载量。合理控制单株果实负载量，增加叶果比。

二、日烧病（日灼病）

【症状】日烧病主要发生在果穗的肩部和果穗向阳面上，果实受害后，向阳面形成水浸状烫伤淡褐色斑，然后形成褐色干疤，微凹陷。受害处易遭受其他病菌（如炭疽病菌等）的侵染。是一种典型的外因引起的生理病害。

【发生规律】葡萄果实日烧病的发生是由于果穗缺少荫蔽，在烈日暴晒下，果粒表面局部受高温失水，发生日灼伤害所致。品种间发生日灼的轻重有所不同，红地球、巨峰、藤稔等粒大、皮薄的品种日灼病较重。立架栽培时日灼病明显重于棚架。

【防治方法】

①对易发生日灼病的品种，夏季修剪时，在果穗附近多留叶片以遮盖果穗，并尽早进行果穗套袋以避免日灼，要注意果袋的透气性和尽量保留遮蔽果穗的叶片。

②在气候干旱、日照强烈的地方，应改立架栽培为棚架栽培，预防日灼的发生。

第四节　葡萄主要病虫害综合防治要点

根据无公害及绿色葡萄生产的要求，为了减少用药次数，并使葡萄主要病虫害防治经济有效，必须抓住关键时期，突出防治重点，采取人工措施和药剂防治相结合的方法，达到综合防治的目的。

一、萌芽期（出土上架至芽变绿前）

主要防治黑痘病、霜霉病、褐斑病、炭疽病等病害和锈壁虱、短须螨、介壳虫等虫害。

采取彻底清理果园，清除病、残部，清除老皮、枯枝落叶以及支架上的绑缚物，以减少多种病虫越冬源。芽萌动前，喷 3 ~ 5 波美度石硫合剂或 80 倍液索利巴尔，可铲除越冬病原菌和越冬害虫。

二、萌芽后至开花前

1. 3～4 叶期

主要防治黑痘病、霜霉病、炭疽病、锈病、毛毡病及绿盲蝽等病虫害，可选用：

① 80%喷克600～800倍液+0.3%印楝素乳油1 000倍液或50%辛硫磷乳油1 500倍液或10%吡虫啉3 000倍液。

② 50%霉能灵1 200倍液或稳歼菌8 000～10 000倍液+上述杀虫剂（适于白粉病、黑痘病发生严重地区）。

③ 80%必备400倍液或1：(0.5～0.7)：240倍液波尔多液(适于冬季雨雪较多，土壤潮湿、泥泞地区)。

2. 花序分离期

主要防治灰霉病、穗轴褐枯病、黑痘病、霜霉病、炭疽病及绿盲蝽、斑衣蜡蝉、蓟马等害虫。

78%科博600～800倍液，或用12.5%烯唑醇（禾果利）4 000倍液，或用70%甲基硫菌灵800倍液，或用50%多菌灵原粉600倍液，或用25%戴挫霉1 500倍液，或用霉能灵+0.3%印楝素乳油1 000倍液，或用50%辛硫磷2 000倍+20.5%速乐硼1 500倍液。

3. 开花前（开花前1～2天）

防治重点为灰霉病、穗轴褐枯病、黑痘病，同时防治霜霉病、炭疽病、锈病和绿盲蝽、金龟子等虫害。可选用：

① 50%多菌灵原粉600倍液或70%甲基硫菌灵800倍+20%保丰保收3 000倍液或0.3%印楝素乳油1 000倍液或50%辛硫磷1 500倍液+硼肥。

② 80%喷克800倍液+10%宝丽安1 000倍液或70%甲基硫菌灵800倍液+上述杀虫剂+硼肥（雨水较多的年份和地区）。

三、落花后

防治对象与花前基本相同，但此期是防治病害最关键的时期，应使用防治效果好、杀菌谱广的杀菌剂。

①78%科博700倍液+硼肥+10%歼灭3 000倍液或0.3%印楝素乳油1 000倍液。

②稳歼菌8 000倍液+喷克800倍液+40%嘧霉胺1 000倍液或78%科博800倍液+70%甲基硫菌灵800倍液+硼肥+杀虫剂（花期雨水较多的年份）。

四、小幼果期

防治对象与落花后相似。一般7～12天使用一次药剂。

①优质葡萄用科博700倍液1～2次；一般葡萄用1：(0.5～0.7)：200倍波尔多液1～2次。如果黑痘病发生，用内吸剂戴挫霉或霉能灵或甲基硫菌灵或多菌灵防治。如果霜霉病发生，用内吸剂50%科克3 500倍液防治，也可与保护剂一起使用。

②套袋前用1 000倍液戴挫霉涮果穗或喷果穗。

③有红蜘蛛等害虫应注意加杀螨剂，如50%螨死净（四螨嗪）1 800倍液与0.3%印楝素乳油1 000倍液或有机磷低毒杀虫剂辛硫磷等混用。

五、大幼果期

防治对象霜霉病、炭疽病、白腐病、房枯病等，注意保护剂与内吸剂交替使用。但7月20日左右是霜霉病的发生关键时期，应该保护剂与内吸剂混合使用，如喷克+科克（烯酰吗啉）或必备+乙膦铝。

六、封穗期

主要防治酸腐病、霜霉病、炭疽病、白腐病等。用 80% 必备 400 倍液 +0.3% 印楝素乳油 1 000倍液或 50% 辛硫磷 1 500倍液或 50% 杀螟硫磷 1 500倍液或 10% 歼灭 1 500倍液。

如果白腐病发生严重，上述药剂中再加入一种内吸剂如甲基硫菌灵、多菌灵、霉能灵、稳歼菌等。

七、转色期

除防治炭疽病、白腐病、褐斑病、霜霉病外，此期是防治灰霉病和酸腐病的关键时期，也是整个葡萄防治历的最关键时期。

①对于炭疽病发生严重的地块，用一次戴挫霉或甲基硫菌灵。

②对于灰霉病发生严重的地块，用一次戴挫霉或嘧霉胺。

③对于酸腐病发生严重的地块，用一次必备 + 歼灭。

④对于各种果实病害发生比较严重的地块，用戴挫霉喷果穗，之后再使用必备 + 歼灭。

八、成熟期

主要防治灰霉病、霜霉病、炭疽病、褐斑病等，雨水较少的年份用一次杀菌剂，雨水较多的年份用 2 次药剂。但应以残留量少的保护剂为主，如喷富露、戴挫霉。必须严格注意农药的安全间隔期，采收前 10 天禁止用药。套袋果摘袋之后禁止用药。

①第一次：必备 400 倍 + 甲基硫菌灵 1 000倍液。

②第二次 42% 喷富露 500 倍液。

九、采收后到落叶前

主要防治霜霉病、褐斑病等。以铜制剂为主，如波尔多液、必备。防治早期落叶，增加营养积累，减少越冬菌源。

第十章　葡萄保护地栽培技术

利用保护地栽培（设施栽培），实现促成栽培和延迟栽培。即棚栽葡萄采取盖草帘降温打破休眠期，使其提早发芽、开花、结果早熟上市；或利用覆盖薄膜延迟收获期，来填补市场鲜食葡萄空缺，提高经济效益。

第一节　选择品种与栽植密度

一、选择品种

选择设施栽培的品种除具备优质、丰产外，还要具备能提早或延迟成熟。同时，还要考虑选择果穗、果粒大小、色泽等要素。山东大泽山地区栽培的品种主要有乍娜、巨峰、玫瑰香、京亚、维多利亚等。

二、栽植密度

设施栽培有两种形式，即 1 年 1 栽制，第二年浆果采收后，将葡萄除掉重新栽植；多年 1 栽制，栽植一次连续多年结果。大泽山地区多采用栽植一次连续多年结果的形式。

栽植密度，多采用宽窄（双行）篱架栽培，即宽行 1.5 米，窄行 0.5 米，株距 0.8 米；小棚架栽培行距 3 ~4 米，株距 0.5 ~1 米。

第二节　解除休眠

一、低温需求量

当自然最低气温低于7.2℃时，及时扣棚盖草帘降温。即白天盖帘关闭风口，夜间拉帘打开放风口降温，迫使葡萄提前进入休眠状态。一般保持低温1 200小时以上，有条件的扣棚盖帘后放冰降温。

二、石灰氮解眠

石灰氮打破休眠的使用时期，一般在升温前1个月或升温后20天内使用。即每1千克石灰氮用温水5千克（40～50℃）放入塑料容器中，不停地搅拌成均匀糊状，添加少量黏着剂涂抹冬芽，并保持湿润。

第三节　调节剂与成熟期

一、生长调节剂

在温室葡萄管理上使用生长调节剂，调节生长与结果的关系，能显著提高产量与品质。据调查，在幼嫩部分喷施15%多效唑，可控制副梢生长；在果穗上喷葡萄膨大剂并配合其他管理措施，可促进早熟品种“乍娜”“矢富罗莎”增大果粒30%左右，无核葡萄喷施可增大果粒一倍以上；在果粒1/3着色时喷增糖着色剂，可促其提早成熟一周左右，增糖1～3度，商品性显著提高。

二、调节成熟期

10～11 月上市。利用露天栽培的晚熟品种或早、晚熟品种的 2 次果，在自然生长的条件下，于 9 月下旬用塑料薄膜保温防寒，可于 10～11 月上市。

元旦前后上市。利用夏芽副梢于 8 月短截或重摘心，使其产生 2 次或 3 次果，于 9 月开花，9 月中下旬扣棚保温；也可利用冬芽新梢结果，于 8 月初短截摘叶，选定的结果饱满冬芽及在叶柄痕上涂抹石灰氮（氰氨基化钙），至 8 月中旬萌芽，9 月开花，9 月中下旬大棚保温。

春节前后上市。利用冬芽新梢结果，于 9 月短截、摘叶、涂石灰氮，9 月中旬扣膜保温。此期栽培应在日光温室中进行，且应有加温设施。

4～5 月上市。利用冬眠后的冬芽新梢结果，10～11 月进行人工低温处理，于 12 月上中旬扣棚，12 月中下旬选饱满结果芽涂石灰氮，涂好后将枝蔓贴地顺放，盖塑料膜保温（可比不涂的提前 20 天发芽），1 月上旬发芽，2 月上旬开花，花期再用赤霉素沾花，熟前用葡萄早熟增糖着色灵处理，可比不处理提前 15 天成熟。

5 月末至 6 月上市。不采取人工措施，利用自然低温休眠后的冬芽新梢结果，于 12 月底至 1 月初扣棚升温，2 月下旬开花，5～6 月收获。

第四节　温度、湿度管理

一、萌芽至花期

萌芽前：扣棚前灌水覆盖地膜，以减少水分蒸发，提高地

温，促使葡萄及早生根与发芽。

萌芽至开花期：白天温度最高28℃，夜间8℃以上，最适温度21～26℃，空气相对湿度80%。

花期：对温湿度要求敏感，应严格掌握。白天最高温度30℃，夜间最低温度12～15℃，最适温度22～26℃，空气相对湿度60%。

二、果实膨大至着色成熟期

果实膨大期：前期白天最高温度28℃，后期可升至30℃，夜间应保持15℃以上，昼夜温差保持在12～15℃，空气相对湿度60%～70%。

着色成熟期：白天温度在28～30℃，夜间15℃左右，昼夜温差控制在15℃以下，空气相对湿度60%～65%。

第五节　土肥水管理

一、深翻松土、施足基肥

温室栽培葡萄管理的重点是深翻土壤，挖穴开沟施足基肥。即定植时和每年采收后，亩施鲁虹有机肥800～1 000千克或腐熟的圈肥5 000～6 000千克＋鲁虹复合肥（15－10－20）60～80千克或掺混肥（15－10－20）60～80千克＋鲁虹1号2～3千克或抗重茬穴施肥20～40千克。

二、合理追肥

葡萄生长期间，要保持叶片厚绿，枝条粗壮，促使光合产物积累多，树体贮备营养足。即运用先氮后磷钾施肥技术，生长前期适量施用氮素，供枝蔓叶片生长。后期多施磷钾元素，提高枝条硬度及果粒糖度。具体可参考大田葡萄追肥技术措施。

三、浇水

根据葡萄的不同需水期，重点浇好封冻水、花前水和果粒膨大期 3 遍关键水，并依据土壤墒情采用少水勤浇，沟灌或穴灌等方法补水。

第六节　整形修剪

一、重短截法

葡萄果穗收获后，除去棚体薄膜，对结果母蔓留 1 ~ 3 个芽重短截，促发新梢作为来年的结果枝，扣棚前冬剪时留 5 ~ 7 个芽短截。

二、留副梢法

葡萄收获除膜后，用原结果枝留副梢作为来年的结果母枝，扣棚前冬剪时在副梢上留 3 ~5 个芽修剪。

三、留长梢法

受棚内光照和树体营养的影响，生长期易出现下部枝芽分化不良，扣棚冬剪时留中上部饱满芽作为来年的结果母蔓，扣棚前冬剪时留 7 ~10 个芽短截。

以上 3 种方法可配合或轮流进行。

第十一章　采收与防寒

第一节　采收、分级、包装、运输与贮藏

一、采收

采收是葡萄生产中的一项重要工作，不仅直接影响着当年的产量、品质和收成，而且还影响着后期的树体营养积累和翌年的产量。因此，栽培者应据各品种的成熟期和用途，进行适时采收，才能不影响葡萄的产量和质量，且有利于植株的生长发育。

（一）采收期

适宜的采收期应取决于浆果的成熟度，根据栽培品种本身的生物学特性及浆果采收后的用途，确定采收期。

葡萄自谢花后，果实由小变大，果粒由硬变软，并长至该品种固有大小时，此为果实成熟的前兆。待有色品种开始着色，并表现出该品种固有的色泽，而无色品种表现出金黄或淡绿色，果粒半透明，果粉均匀，果肉具有本品种的含糖量和风味，种子变为褐色，这表明葡萄果实达到了充分成熟，可以进行采收。

浆果采收后的用途不同，要求采收的成熟度不一样。如果采收后立即运往市场供鲜食用，则只要糖酸比合适、风味好、外形美观，达八成熟即可采收。制干用的，则要求完全成熟，并以过熟为好，含糖量高，出干率高且质量好。采后用于酿酒的葡萄，可按酒厂制酒的要求确定采收成熟度和采收期。

（二）采收方法

1. 采前准备

采前要准备好采收包装的工具及运输车辆，安排好劳力等。采收用的采收工具主要包括剪子、果筐等。果筐可用农村常用的柳条筐或塑料筐。为了防止挤压果穗，果筐不宜太深，每筐容量也不宜太大，一般以 10～12.5 千克为宜。若用竹筐采收，内壁要用软布垫好，以防止刺伤果皮。

2. 采收技术

目前，国内的葡萄采收工作几乎主要靠手工来完成。采收时要小心细致，轻拿轻放，果穗梗一般剪留 3～4 厘米，以便于提取和放置。采收鲜食用的葡萄，尽量不要碰伤果皮、擦掉果粉，以保持葡萄果穗外形美观。剪下的葡萄放入果筐时，以横向放置穗梗剪口并靠近筐壁为好，这样可避免穗梗刺伤果粒。

酿造普通葡萄酒所用的葡萄可一次采完；而用以鲜食和酿造高级葡萄酒的，应据果实成熟度分批采收。采收时要注意：

①葡萄采收应在晴天进行，阴雨天、有露水或烈日暴晒的中午不宜采收。采收时，对于破碎或受病虫为害的果粒应随手去除。

②采收后要立即运往果棚或临时果库，随即进行分级包装或销售处理，切勿在强日光下暴晒。

一般情况下，已经成熟的葡萄应及时采收，不要将果穗长期挂在葡萄树上，否则会严重影响树体营养积累和新梢成熟导致来年树势衰弱、产量下降。

二、分级、包装

（一）分级

葡萄果实分级是葡萄商品化生产中一个重要环节，世界各国都制定有相应的分级标准。目前我国葡萄分级尚无统一规定的标

准，大都根据果穗大小与松紧度和果粒大小与整齐度以及成熟度、着色好坏、含糖、酸高低而定。目前，生产中一般按以下标准分级：

一级：果穗形状、大小，果粒的大小及色泽，均具备本品种的固有特点，果粒整齐度高，充分成熟，全穗无破损或脱落的果粒。

二级：对果穗的穗重、果粒的大小无严格要求，但要求充分成熟，且无破损粒。

三级：将一、二级果分出后挑选下来的果穗，可作为加工原料或就地销售。

（二）包装

葡萄浆果极不耐挤压，因此，包装容器不宜过深、过大，一般多采用小型木箱或条筐、纸箱包装，鲜食品种多用2～5千克的小包装，箱内、筐内要垫好衬纸。纸箱或木箱都要留有缝隙或通气孔。

为了便于销售，可根据当地具体情况，用纸板、木板、塑料、竹皮等制成各种具有地方特色的实用美观小包装，每箱1～2千克；也可用小托盘盛装葡萄，外套以薄膜，经加热后，薄膜收缩紧贴在托盘和葡萄上，既美观又可延长销售时间。

三、运输

远途运输葡萄的工具以飞机最好，其次是轮船和火车，以汽车为最差。长达3 000千米以上的运输以空运为好，火车和轮船运输，从起运至终点最好不超过1周，实践证明如能搞好装车和降温等措施，在3 000千米以内的汽车长途运输，也能取得理想的效果。

（一）装运方法

用飞机、轮船和火车运输均需注意装箱的高度和空隙。以纸箱装运为例：纸质坚硬的纸箱，装箱高度也不可超过 8 层，如超过 8 层需设置支架后再往上垒放，纸箱间应有一定缝隙以便通气，防止通风透气不良而引发葡萄霉烂。

用汽车运输，为避免纸箱颠簸挤压，可每一层纸箱加一层用胶合板制作的隔板作支撑，这样上下左右各纸箱相互不挤压而使葡萄完好无损。

（二）温度调节

葡萄采收和运输期间，正值夏秋气温较高季节，运输途中葡萄箱筐又集中堆放，气温高又加上葡萄自身呼吸散热，很易招致葡萄腐烂。因此，在这样的季节进行长途运输，必须进行调温。

1. 冷藏运输

指使用制冷设备的运输工具，按照需要的温度进行调温。

2. 人工降温

运输前，采用先降温，中途视情况加冰块的方法，使葡萄在运输途中保持 10℃ 以下的低温。装运前先将待运的葡萄放入冷库降温，要求在 0 ~ 10℃ 的温度下降温 20 小时，待葡萄箱内的温度降至 1 ~ 2℃ 时，再迅速装入车、船，并在车、船的适宜部位放置冰块，随即密闭门窗，使温度保持在 10℃ 以下。如运输时间超过 3 天以上，应每隔 48 小时加一次冰块。

寒冷冬季运输葡萄，则需采取保暖措施以防冻害。可根据低温程度先用 1 层或 2 层棉被披盖，棉被外包塑料薄膜，再用篷布包严，保持葡萄箱内的温度不低于 0℃。

四、贮藏保鲜

随着人们生活水平的不断提高和食品结构的变化，人们对葡萄鲜果的需求量越来越大。通过贮藏保鲜措施，延长葡萄鲜果供应期，具有重要的现实意义和经济意义。

（一）贮藏保鲜的条件

采收后的葡萄，仍然是一个有生命的有机体，由于呼吸作用的存在，采后的浆果受外界环境条件的影响，其外观和内在品质随时在变化。为了达到不腐烂、不变质、外观新鲜的要求，必须有良好的贮藏条件。

1. 温度

温度高，呼吸作用强，水分蒸发量大；温度低，呼吸作用弱，水分蒸发量小。低温还能抑制呼吸强度而延长贮藏期，葡萄贮藏期的最佳温度为－1～0℃。

2. 湿度

如果空气干燥，湿度低，浆果就会因蒸腾失水而逐渐皱缩，中轴、分枝和果梗也因失水而干缩。因此，保持贮藏环境较高的空气湿度对葡萄的保鲜效果至关重要。但过于潮湿，又易引起真菌病害的发生。根据经验，贮藏库的空气相对湿度保持在90%～95%较好，不可低于90%，也不要高于96%，相对湿度达到97%以上时，果粒上便出现大小水珠而影响果实的保鲜品质。

3. 气体成分

果实呼吸时要吸收空气中的氧气，放出二氧化碳。氧气充足将会促进果实的呼吸强度而缩短贮藏期。因此，应减少贮藏环境的氧气含量，增加二氧化碳的含量，一般保持2%～3%的氧气和2%～5%的二氧化碳较为适宜。目前采用的果实气调贮藏方法，就是运用这个原理和机制进行的。

另外，葡萄属非呼吸跃变型果实，采后没有明显的后熟过程。因此，用于贮藏的葡萄必须是充分成熟的葡萄。要求果肉硬度较大，无病虫害，果面洁净无污染。要达到以上要求，必须在生产过程中进行综合管理，并要求合理负载，果穗实行套袋为最好。

此外，必须选择适宜的品种。用于贮藏保鲜的葡萄，应以呼吸强度比较低、色泽鲜艳、品质优的晚熟品种为主，如红地球、泽香、意大利、黑提等。

（二）做好贮藏前的准备工作

贮藏前应做好库房的清扫、消毒、灭鼠等工作。

1. 库房消毒

库房消毒剂的种类很多，目前，生产上主要有3种方法。

（1）用硫磺熏蒸消毒　可用硫磺拌木屑或在容器内放入硫磺，加入酒精或高度白酒助燃，点燃后密闭熏蒸。硫磺用量为每立方米空间用20克，密闭熏蒸1～2天后，打开通风。燃烧硫磺虽使用方便，价格便宜，但是存在两个问题，一是杀菌谱较窄，二是燃烧后的二氧化硫对库房中蒸发器、送风道等金属器械有强的腐蚀性，因此建议不要采用。

（2）用甲醛（福尔马林）溶液喷洒消毒　使用浓度为1%。甲醛杀菌谱广而且杀菌能力强，但使用时安全性差。

（3）用国家农产品保鲜工程技术研究中心（天津）研制的CT高效库房消毒剂　对灰霉、青霉、根霉、黑曲霉等杀死率达90%以上，而且具有使用方便、安全、对金属腐蚀性小等特点。

2. 预冷

由于田间气温的影响，采收后的葡萄温度较高，应通过预冷来消除葡萄从田间带来的热量，这是保证贮藏质量的重要措施。

（1）室内预冷　配有预冷室的贮藏冷库，利用预冷室较强的制冷能力和较好的鼓风设备，使装入的葡萄在短时间内降为4～5℃。没有预冷室的冷库，应在果实入贮前2天降至－2℃，使库体具有大的蓄冷量（农民叫“冷透”），葡萄入库时能够以最快的速度降温。

利用自然通风降温库房或地窖贮藏时，贮前可在通风良好的室内利用夜间的低温进行预冷，即夜间打开门窗，降低室温，白

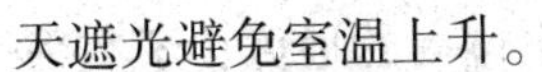

天遮光避免室温上升。

(2) 车厢内预冷　需立即装车远运的鲜食葡萄，可装入冷藏车辆，在运输途中进行预冷。

3. 挑穗、整穗、装箱

从采收的葡萄中，挑选果粒饱满整齐、稀密适中、成熟度高、着色良好、穗轴新鲜的完整果穗，剔除青粒、小粒、病虫为害粒及伤损粒后，仔细地装入箱中。每箱以5～10千克为宜。装箱的同时，按要求使用保鲜袋及保鲜剂。

(三) 贮藏技术

现代化的葡萄贮藏多用气调和冷藏，设备较为复杂，而农村当前主要采用简易贮藏方法，如窖藏、缸藏及微型冷库等多种方法贮藏。

1. 缸藏法

这是家庭进行少量贮藏的方法。以瓷缸为好，贮前先将缸洗净擦干，置于阴凉的室内避光处，并按缸内不同深度处的直径变化做几个大小不同的井字形木格，一般有3～4个即可。最低一层木格可离缸底5～10厘米放置，然后每隔20厘米左右放一层。木格上铺包装纸2～3层，纸上打孔，以便上下通气。每层木格上摆放葡萄1～2层，装至缸的3/4为宜。上面用新鲜白菜叶覆盖，以利保湿。装好后，初期缸口不加盖，以利散热降温。温度低时，盖上覆物保温。严冬时使缸内温度保持不低于－1℃，并力求稳定。当气温升高时，应通过门窗的昼闭夜开，充分利用夜间的低温来降低温度。

2. 窖藏法

这是广泛采用的较大批量的土法贮藏措施。因各地条件不同，窖可分为地下窖和半地下窖。

地下窖的温度受大气温度变化的影响较小，窖温比较稳定，且窖内湿度也较高，容易满足贮藏期间葡萄对温湿度的要求，是简易而又比较理想的贮藏环境。但是地下水位高的地区，不宜采用地下窖，而以采用半地下窖为好。

地下窖，窖深、宽均2米左右，长度视贮量大小而定，一般4～5米为宜。窖顶覆土20厘米以上。窖的四角各设一个通风口，在窖顶中央或一端设有60厘米见方的出入口，窖内埋设立柱，立柱上固定不同高度的水平横杆，分3～4层。将选好的葡萄果穗装入塑料薄膜袋内，每袋1～1.5千克。装袋时，按说明书的要求，将所用的防腐保鲜剂同时装入，然后将袋口扎紧。扎口时用细塑料管抽净袋内空气，以降低葡萄袋内的呼吸强度。把成袋的葡萄下窖，吊挂在横杆上，袋与袋之间保持一定距离，既避免互相碰撞，又有利于散热降温。也可在窖内设立分层的架子，架子的隔层上平放成穗的葡萄或装好的成箱葡萄。

地下窖贮藏的关键，一是用以贮藏的葡萄要晚采，使葡萄在架上预冷或采下放在阴凉处预冷2天，预冷处温度应在10℃以下，窖内的温度降至8℃左右入窖。二是控制窖内温度、湿度。入窖初期和贮藏后期，气温和窖温偏高时，将气孔和出入口昼闭夜开，降低窖温。当窖温降到1℃左右时，要陆续关闭通气孔，只留出入口适当通风换气，控制窖温保持-1～1℃；相对湿度以80%～90%为好，湿度不足可在地面喷水保湿；这样可贮藏3～4个月。三是要经常检查，发现烂果及时清除。

3. 二氧化硫贮藏法（气藏法）

即利用二氧化硫（SO_2）气体进行防腐贮藏。SO_2不仅可减低葡萄果实的呼吸强度，而且有灭菌、保色、保鲜的效果。利用SO_2贮藏葡萄方式较多；常用的有2种方法。

（1）二氧化硫药包贮藏　果箱内放入亚硫酸氢钠和吸湿硅胶混合粉剂。亚硫酸氢钠的用量为果穗重量的0.3%，硅胶为0.6%。二者在应用时混合后分成5包，按对角线法放在箱内的果穗上，利用其吸湿反应时生成的二氧化硫保鲜贮藏。一般每

20～30天换一次药包，在1～2℃的条件下即可贮藏到春节以后。

（2）化学保鲜剂贮藏　常用的化学保鲜剂有S－M和S－P－M两种片剂及天津农产品保鲜中心研制的CT型保鲜片或其他袋装药剂。上述保鲜剂和塑料保鲜袋配合贮藏葡萄有良好的保鲜效果。具体方法是：将成熟良好的葡萄采下后，经过挑选在室内预冷，然后装入0.04毫米厚的聚乙烯塑料保鲜袋内。每袋装果量为4～5千克，然后放入8～10片（相当果重0.2%）S－M或S－P－M保鲜药片，扎紧袋口，置于0～1℃的贮藏室。这种方法可保鲜贮藏达3～5个月之久。

在家庭进行少量贮藏时，单纯使用塑料保鲜袋贮藏葡萄也有一定的保鲜效果，但一定要注意将装好的果袋置于低温冷凉处，而且不能随意打开袋口，否则将严重影响贮藏效果。

4. 微型冷库（MCS）与保鲜袋、保鲜剂复合保鲜贮藏

采用微型冷库与保鲜袋、保鲜剂结合进行葡萄贮藏是当前葡萄产区值得推广应用的葡萄商品化保鲜贮藏新方法。该方法投资小、设备简单、贮藏量大、贮藏效果明显。微型冷库可以新建，也可用防空洞、窖洞及普通房屋改建。它由贮藏室、机房和缓冲间3部分构成，配置冷风机通风制冷，48小时内能使葡萄果实温度降至0℃，使库温稳定维持在（－0.5±0.5）℃的条件下。

修建一个100立方米的库可贮藏葡萄1.8万千克，管理得当，当年即可收回全部投资并有盈利。另外，微型冷库除用于葡萄贮藏之外，还可用于其他农副产品及加工产品的保鲜贮藏。

采用微型冷库与保鲜袋、保鲜剂结合进行葡萄保鲜贮藏的工作流程是：采收选择优质葡萄→果穗整理装入内衬聚氯乙烯（PVC）或聚乙烯（PE）保鲜袋的果箱→果穗间隙加葡萄保鲜剂→扎紧袋口→运入微型冷库→（－1±0.5）℃敞口预冷10～12小时→扎紧袋口、封箱、码垛→（－0.5±0.5）℃条件下贮藏。采用微型冷库（MCS）贮藏，在6～7个月不再进行任何处理，

贮藏6个月后，葡萄好果率仍在98%以上，这种节能型的商品化葡萄贮藏方法值得在各地推广。

第二节 防 寒

一、埋土防寒

一般年份绝对最低温度在-14℃以下或冬春干旱、低温在-10℃以下的地方，均属埋土防寒地区。

(一) 埋土防寒时间

埋土时间应在土壤封冻之前为好，埋土过早因土温高、湿度大易发生芽眼霉烂，若埋土过晚，在封冻后进行，不仅取土不易，同时因土块大，封土不严，起不到防寒作用。

(二) 埋土防寒方法

埋土方法可分以下几种：

1. 地上全埋法

修剪后将植株枝蔓缓缓捆缚在一起，小心地压倒在地面上，然后用细土覆盖严实。覆土厚度以当地绝对最低温度和品种抗寒性而定，一般在冬季低温为-10℃时覆土15厘米，-15℃时覆土20厘米，-17℃时覆土25厘米，温度越低覆土越厚。此法适用于立架、幼龄、密植园和盐碱地或地下水位较高的地方。

2. 地下全埋法

沿植株枝蔓延伸的方向，挖深宽各30~50厘米的沟，然后将枝蔓压入沟内再行覆土。在特别寒冷的地方，应先覆有机物，如树叶、干草等，然后再覆土。此法多适用于大棚架、枝蔓多、老龄葡萄园。

3. 局部埋土法

可分为基部埋土和梢部埋土。采用基部埋土，植株冬季不修

剪、不下架，封冻前在植株基部培高50厘米左右的土堆，冬季最低温过后再修剪，此法适于抗寒、抗旱能力较强的品种或冬季绝对低温在－15℃以上，且空气湿度较大的地方。采用梢部埋土，冬季将新蔓和部分主蔓弯曲，置于地面，然后用土覆盖严实，其优点是省工、简便，缺点是防寒效果较差。

（三）埋土防寒操作要点

①埋土防寒前在每株葡萄茎干下架的弯曲处下方先用土或草秸做好垫枕，防止在植株上埋土时压断茎干或主蔓。

②埋土时先将枝蔓略为捆束轻轻放入沟内，两侧用土挤紧，然后上方覆土，边培土边拍实，防止土堆内透风。

二、葡萄出土上架

（一）出土时间

当春季气温升达10℃时就应出土。通常是在土壤解冻后开始，发芽前全部完成。出土过早易受冻害；出土过晚，幼芽在土内萌发，若土壤湿度大，芽易霉烂而且出土时容易碰伤嫩芽。具体出土时间应根据当年的气候和所栽品种物候情况确定。一般在芽眼膨大前即应及时出土。出土操作过程要细心谨慎，防止碰伤枝蔓和芽眼，造成不应有的损失。

（二）枝蔓上架

葡萄出土后要尽快上架，上架时要有两人配合，细心操作，防止碰伤、碰掉已膨大的芽眼。

三、其他防寒措施

在生长期短的地方，为防止早霜为害葡萄枝叶，秋季应增施磷、钾肥，加强夏季枝蔓管理和病虫防治，促使枝蔓及早成熟，也可于早霜来临前突击下架，并适当覆盖，以减轻冻害。

春季易发生寒流为害的地区，除选用萌芽晚、预备枝结实力高的品种和早春多次浇水，以缓和土温，推迟出土和修剪外，若在发芽后出现晚霜时，可在园内熏烟或喷水或喷800倍液天达-2116或4 000倍液爱多收等减轻霜冻为害。

第十二章　葡萄无公害绿色食品生产

第一节　发展葡萄无公害绿色食品生产的意义

无公害绿色食品国外称为“健康食品”“自然食品”，它是指在生产过程中严格规定其生产地的环境条件，按特定的生产操作规程限制或尽量减少在生产中应用某些化学物质和化学合成物质，从而从生产方式上防止对生态环境的破坏和对生产资料的浪费，从产品质量上防止了对人类健康的影响。

无公害绿色食品生产是当前国际农产品生产的主要方向。随着科学发展和人类对环境保护及人类自己健康认识的不断加深，无公害绿色食品生产已愈来愈受到世界各国的重视。

葡萄和其加工品（葡萄酒、葡萄汁等）是国际性的重要的果品和食品之一，如何防止环境、农药、化肥等对葡萄的污染，各国科技工作者已进行了许多研究和努力，并已制定出一系列葡萄、葡萄酒无公害绿色食品生产的规定和标准。随我国加入国际世贸组织（WTO），生产优质无公害绿色葡萄及其加工品将是今后我国葡萄生产发展的必然趋势。

第二节　无公害绿色葡萄生产对环境条件的要求

无公害绿色葡萄生产对环境有严格的要求，产地环境（大气、灌溉用水、土壤状况等）对葡萄产品质量有重要的影响。绿色葡萄食品生产基地一定要重视产地环境的选择，使生产区范围内无任何污染源，如造纸厂、化工厂、水泥厂等。

葡萄无公害生产基地的大气、土壤、水质状况必须符合国家有关规定和检测标准，大气环境符合 GB 3095—82 标准；大气中二氧化硫、氮氧化合物、总悬浮微粒、氟的含量等都必须符合国家标准的要求。农田灌溉用水应符合 GB 5084—92 标准。重点是水的 pH 值（酸碱度）和总汞、镉、砷、铅、铬、氯化物、氟化物、氰化物含量必须低于国家标准；土壤质量标准，按基地土壤类型，表土层重金属污染物（汞、镉、砷、铅、铬）含量不得超过相应标准。各种有毒、有害物质必须控制在限量以下；尤其是农药 DDT 和六六六含量不得超过 0. 1 毫克/千克。在生产的各个技术环节，最大限度使葡萄产品无毒、无害，在生产过程中严格控制化学肥料使用量，严禁使用高毒、高残留农药；葡萄产品质量分级要按标准进行，包装、运输、保鲜、销售过程中要防止二次污染，产品质量要达到国家标准要求。

第三节　无公害绿色葡萄生产栽培管理技术要求

无公害绿色葡萄生产必须有规范化的生产操作规程，应达到以下几点技术要求。

（1）品种选择　选择优质、抗病、抗虫品种，尽量选用无病毒苗木。加强苗木检疫，严格禁止将未经检疫的外国、外地苗木、枝条、果实等带入生产地区。

（2）苗木处理　定植前用 5 度石硫合剂进行浸苗消毒处理，然后再行栽植。

（3）病虫害防治　葡萄病虫防治不能单纯依靠化学药剂，以防葡萄产品严重污染和使病虫产生抗药性，因此必须重视病虫害综合防治，根据葡萄生长发育所要求的环境条件和病虫害发生

的规律，调节葡萄园内小气候状况，既为葡萄生长创造最佳的环境，而又不使这种环境利于病虫害的发生。

(4) 加强肥水管理　无公害绿色葡萄食品生产施肥应以有机肥为主，配合生物肥，重视施用磷肥和钾肥，尽量少用氮肥，防止肥料形成亚硝酸盐等有害物质，灌溉时不用工矿排放的污水。

第四节　无公害绿色葡萄生产允许使用的肥料

无公害绿色葡萄生产对葡萄园所用的肥料有严格的要求：

一、允许土壤使用的肥料

(1) 农家肥（堆肥、沤肥、厩肥）　应用时要经过充分发酵、腐熟。

(2) 绿肥和作物秆肥

(3) 商品有机肥　以生物物质、动植物残体，排泄物、生物废弃物等为原料，加工制成商品肥。

(4) 腐殖酸类肥料　以草炭、褐煤、风化煤为原料生产的腐殖酸类肥料。

(5) 微生物肥料　是特定的微生物菌种生产的活性微生物制剂，无毒无害，不污染环境，通过微生物活动改善植物的营养或产生植物激素，促进植物生长，目前，微生物肥料分为5类。

①微生物复合肥：它以固氮类细菌、活化钾细菌、活化磷细菌3类有益细菌共生体为主，互不拮抗，能提高土壤营养供应水平，是生产无污染绿色食品的理想肥源。

②固氮类菌肥：能在土壤和作物根际固定氮素，为作物提供氮素营养。

③根瘤菌肥：能增加土壤中的氮素营养。

④磷细菌肥：能把土壤中难溶性磷转化为作物可利用的有效磷，改善磷素营养。

⑤磷酸盐菌肥：能把土壤中云母、长石等含钾的磷酸盐及磷灰石进行分解，释放出钾。

（6）有机无机复合肥　有机和无机物质混合或化合制剂。如经过无害化处理后的畜禽粪便，加入适量的锌、锰、硼等微量元素制成的肥料等。

（7）无机肥料　包括矿物质肥料和化学肥料。如矿物钾肥和硫酸钾；矿物磷肥（磷矿粉），煅烧磷酸盐（钙镁磷肥、脱氟磷肥），粉状磷肥（限在碱性土壤使用），石灰石（限在酸性土壤使用）等。

二、允许叶面使用的肥料

葡萄叶面追肥中不得含有化学合成的生长调节剂。

允许使用的叶面肥有微量元素肥料，以 Cu、Fe、Mn、Zn、B、Mo 等微量元素及有益元素配制的肥料；植物生长辅助物质肥料，如用天然有机物提取液或接种有益菌类的发酵液，再配加一些腐殖酸、藻酸、氨基酸、维生素等配制的肥料。

三、允许使用的其他肥料

不含合成的添加剂的食品、纺织工业品的有机副产品；不含防腐剂的鱼渣、牛羊毛废料、骨粉、氨基酸残渣、骨胶废渣、家畜加工废料等有机物制成的肥料。

所有商品肥料必须是按照国家法规规定，受国家肥料部门管理、经过检验的审批合格的肥料种类。

第五节　葡萄无公害绿色食品生产中禁止使用的农药

葡萄绿色食品生产中必须严禁使用剧毒、高毒、高残留或致癌、致畸、致突变的农药，如无机砷杀虫剂、无机砷杀菌剂，有机汞杀菌剂、有机氯杀虫剂，如DDT、六六六、林丹、狄氏剂等。

有机氯杀螨剂如三氯杀螨醇。

有机磷杀虫剂如甲拌磷、乙拌磷、对硫磷、氧化乐果、磷胺等。

取代磷类杀虫杀菌剂如五氯硝基苯。

有机合成植物生长调节剂。

化学除草剂，如除草醚，草枯醚等各类化学除草剂。

目前，我国规定严禁使用基因工程品种（产品）及制剂。

在生产AA级绿色食品时必须严格执行上述规定。

第六节　无公害绿色葡萄生产限制使用的化学农药

在当前还不能完全禁用一些农药的情况下，生产无公害及A级绿色食品时可以在严格的规定下使用部分化学农药，但对农药的种类、使用浓度和使用次数应有严格的限制。无公害葡萄生产

允许使用的农药见表4。

表4　无公害葡萄生产允许使用的农药

商品名称或通用名称	剂　型	防治对象	A	B	C	D
必备	80%可湿性粉剂	霜霉病、炭疽病、黑痘病、酸腐病等	400倍液	7	2	gh≤10

（续表）

商品名称或通用名称	剂　型	防治对象	A	B	C	D
代森锰锌类（喷克等）（最好不要使用一般的药剂）	80%可湿性粉剂 42%胶悬剂	霜霉病、炭疽病、黑痘病等	80%可湿性粉剂：100～190 克 42 悬浮剂：190～350 克	3	10	gh≤5
科博	78%可湿性粉剂	霜霉病、炭疽病、黑痘病、白腐病、灰霉病、房枯病病等	110～135 克	4	10	
氢氧化铜	77%可湿性粉剂	霜霉病、炭疽病等	600 倍液	3	5	gh≤1
松脂酸铜	12%乳油	霜霉病、黑痘病等	210～250 克	5	7	gh≤1
福美双	50%可湿性粉剂	白腐病、炭疽病等	500～1 000倍液	2	30	gh≤0.2
甲基硫菌灵	70%可湿性粉剂	炭疽病、黑痘病、白腐病、灰霉病等	36%悬浮剂 500～600 倍液 70% 可湿性粉剂 1 000倍液	2	30	fb≤10
多菌灵	50%可湿性粉剂	炭疽病、黑痘病、白腐病、灰霉病等	50%可湿性粉剂 500～600 倍液	2	30	gh≤0.5
烯唑醇（禾果利	12.5%可湿性粉剂	黑痘病、白粉病、白腐病等	4 000 倍液	1	21	gh≤0.1
腐霉利（速克灵）	20%悬浮剂 50%可湿性粉剂	灰霉病	25～50 克	2	14	fb≤10
异菌脲	50%可湿性粉剂	灰霉病	100 克	1	7	fb≤10
农抗 120	2%，4%水剂	白粉病、锈病等	2%制剂 2 000倍液	2		
烯唑醇+代森锰锌	32.5%可湿性粉剂	黑痘病、白腐病等	400～600 倍液	1	21	
恶唑菌酮+代森锰锌	68.75% 水分散粒剂	霜霉病	800～1 200 倍液	1	30	
科可（烯酰吗啉）	50%可湿性粉剂	霜霉病	135～165 克	1	7	

（续表）

商品名称或通用名称	剂　型	防治对象	A	B	C	D
甲霜灵+代森锰锌	58%可湿性粉剂	霜霉病	58%可湿性粉剂125～200克	2	21	甲霜灵gh≤1
多菌灵+福美双	40%可湿性粉剂	霜霉病、白腐病等	40%可湿性粉剂670～1 000倍液	1	30	
多菌灵+井冈霉素	28%悬浮剂	白腐病等	1 000～1 250克	1	30	
氯吡脲	0.1%可溶性液剂	保花、保果、果实膨大	0.1%水剂500～1 000倍液	1	45	
噻苯隆	0.1%可溶性液剂	花期保花保果	1 670～2 500倍液	1		
赤霉素	40%水溶性片剂	果实膨大、无核处理	50～200毫克/千克	2	45	
萘乙酸	20%粉剂	插条处理，促进生根、提高成活	20%1 000～20 000倍液	1		
莠去津	48%可湿性粉剂	一年生杂草	313～415克	2	30	
波尔多液	硫酸铜：石灰：水=1：(0.5～0.7)：200～240	霜霉病、炭疽病、黑痘病等			10	gh≤10
石硫合剂	熬制或制剂	黑痘病、白粉病、毛毡病、蚧壳虫等		2	15	
三乙磷酸铝(疫霜灵)	80%可湿性粉剂	霜霉病等	100克	2	15	
霜脲氰+代森锰锌	72%可湿性粉剂	霜霉病等	135～160克	1～2	7	
亚胺唑	5%，15%可湿性粉剂	黑痘病等	15%可湿性粉剂3 500倍液	1	28	
宝丽按（多氧霉素）	10%可湿性粉剂	灰霉病等	10%可湿性粉剂100～150克	2	7	
乙烯菌核利	10%可湿性粉剂	灰霉病等	50%可湿性粉剂75～100克	2	7	fb≤0.5

（续表）

商品名称或通用名称	剂型	防治对象	A	B	C	D
嘧霉胺	40%胶悬剂	灰霉病等	40%悬浮剂63～94克	2	21	
戴挫霉	25%乳油	炭疽病、白粉病、黑痘病、白腐病、灰霉病等	25%乳油1 200～2 000倍液	2	*	≤2*
敌百虫	80%可湿性粉剂	多种害虫		1	28	gh≤0.1
辛硫磷	50%乳油	多种害虫		1	15	gh≤0.05
歼灭	10%乳油	多种害虫		2	21	gh≤0.1
杀螟硫磷	50%乳油	多种害虫		1	30	gh≤0.5 fb≤0.5
螨死净（四螨嗪）	50%悬浮剂	螨虫：锈壁虱、短须螨等	20%悬浮剂 1 600～2 000倍液	1	30	gh≤1 fb≤1
三唑锡	25%可湿性粉剂	螨虫：锈壁虱、短须螨等	25%可湿性粉剂1 000～1 500倍液	2	30	gh≤0.2
草甘膦	41%水剂	杂草	41%水剂150～400克	2	15	gh≤0.1

注：①A. 亩用制剂量或使用倍数；B. 每生长季节最多使用次数；C. 安全间隔期（天）；D. 最大残留量（$\times 10^{-6}$或毫克/千克），gb表示国家标准，fb表示FAO标准；

②戴挫霉是水果、蔬菜采收后的保鲜杀菌剂，在欧盟浆果类水果残留标准为≤（2～5）$\times 10^{-6}$或2～5毫克/千克；

③如果使用1 200～1 500倍液，使用后不超过欧盟的标准，所以使用后马上可以食用；

④EBDC类：应使用真正络合态的、高质量的品种，如“喷克”可以在任何时期使用。如果使用一般品种，请不要在花前、套袋前（尤其是小幼果期）使用；

⑤抑制剂类杀菌剂，尤其是三唑类：使用量不能随意增大，否则会有药害；

⑥铜制剂：葡萄离不开铜制剂。铜制剂对环境没有为害、对高等动物没有为害、对葡萄酒的酿造和质量没有任何不利影响。比如“必备”是欧洲生产有机食品的杀虫剂；“波尔多液”是传统的、古老的、优良的保护性杀菌剂，价格便宜，有效期长，全年都可使用

第七节　无公害绿色葡萄保鲜、贮藏、包装上市要求

葡萄产品采后分级应按规定标准进行，中间处理环节应减少二次污染，以最大限度保持产品新鲜状态，提高商品率，以取得更好的经济效益。葡萄采收及采后处理按下列程序进行：适时采收→按标准分级→预冷→包装→贮藏保鲜→检测→封袋包装→上市销售。

第八节　无公害绿色食品的认证

国家对无公害绿色食品生产的审批和认证由专门机构（各省市绿色食品生产办公室）负责，各生产单位应与其联系进行申请，在经过专门的环境检测单位进行检测审核，并对其葡萄及葡萄加工产品进行质量和卫生检查后上报农业部进行终审，然后由中国绿色食品发展中心与生产单位签约，并颁发绿色食品标志使用证书，同时向全国发布通告予以确认，即成为无公害绿色食品。

附件：葡萄周年管理历

月份	物候期	管理措施
12 月中旬至 翌年 3 月下旬	休眠	①彻底清理果园，清除枯枝落叶、病果等 ②及时出土上架并于发芽前喷 5 波美度石硫合剂
4 月上旬至 5 月中旬	萌芽至 开花前	①芽眼如豆粒大小时喷 0.5 波美度石硫合剂 ②追施速效氮肥，并浇足水 ③展叶前及开花前均要喷杀菌杀虫剂防治病虫害 ④及时抹芽定梢，对留下的新梢及时绑缚，使均匀分布于架面

(续表)

月份	物候期	管理措施
5月下旬至6月中旬	开花至幼果期	①坐果率低的品种于花前5～7天摘心，坐果率高的品种于花后摘心。及时抹除副梢，去卷须和穗尖并疏果整穗 ②盛花期喷20.5%速乐硼1 500倍液 ③喷杀虫、杀菌农药防治病虫害 ④适量追施速效氮、磷、钾肥并浇水
6月下旬至果实着色前	果粒膨大期	①摘除副梢、卷须，保持葡萄架面通风透光 ②喷杀虫杀菌农药防治葡萄病虫害 ③及时进行果穗套袋
7月上旬至10月中旬	果实着色至成熟采收	①追施磷酸二氢钾或硫酸钾肥、或叶面喷肥，促进枝条成熟与葡萄着色 ②剪新梢去老叶 ③及时喷杀虫杀菌农药，防治病虫害 ④适时采收
10月中旬至12月上旬(封地前)	采果后至封地前	①加强叶面补肥，促进枝条成熟与营养积累 ②秋施基肥，每亩3 000～5 000千克腐熟的有机肥，并浇足封冻水 ③及时冬剪，剪后喷5波美度石硫合剂 ④及时下架与埋土防寒

参考文献

［1］张茂扬，温秀云. 葡萄栽培与加工技术［M］. 济南：山东科学技术出版社，1987.

［2］欧阳寿如. 葡萄栽培［M］. 兰州：甘肃人民出版社，1981.

［3］晁无疾. 葡萄优新品种及栽培原色图谱［M］. 北京：中国农业出版社，2003.

［4］温秀云. 葡萄 79 种病虫害防治［M］. 北京：中国农业出版社，1998.

［5］龙兴桂. 现代中国果树栽培［M］. 北京：中国林业出版社，2000.

［6］王忠跃. 无公害葡萄生产中的病虫害防治［M］. 北京：中国农学会葡萄分会技术培训资料，2004.